酒神舒曼

AMERICAN
BAR

調酒聖經

酒神舒曼

AMERICAN BAR

調酒聖經

490道雞尾酒譜＋110項基酒知識，
當代調酒師及酒吧經營者必備工具書，居家品飲升級指南！

查爾斯·舒曼（Charles Schumann） 著
岡特·馬泰（Günter Mattei） 繪
魏嘉儀 譯

積木文化

飲饌風流108

酒神舒曼AMERICAN BAR調酒聖經

490道雞尾酒譜＋110項基酒知識，當代調酒師及酒吧經營者必備工具書，居家品飲升級指南！

原著書名	Schumann's Bar
作　　者	查爾斯·舒曼（Charles Schumann）
繪　　者	岡特·馬泰（Günter Mattei）
譯　　者	魏嘉儀
特約校對	陳錦輝

出　　版	積木文化
總 編 輯	江家華
責任編輯	郭羽漫
版　　權	沈家心
行銷業務	陳紫晴、羅仔伶

發 行 人	何飛鵬
事業群總經理	謝至平

城邦文化出版事業股份有限公司
　　　　　　　台北市南港區昆陽街16號4樓
　　　　　　　電話：886-2-2500-0888　傳真：886-2-2500-1951

發　　行	英屬蓋曼群島商家庭傳媒股份有限公司城邦分公司

　　　　　　　台北市南港區昆陽街16號8樓
　　　　　　　客服專線：02-25007718；02-25007719
　　　　　　　24小時傳真專線：02-25001990；02-25001991
　　　　　　　服務時間：週一至週五上午09:30-12:00；下午13:30-17:00
　　　　　　　劃撥帳號：19863813　戶名：書虫股份有限公司
　　　　　　　讀者服務信箱：service@readingclub.com.tw
　　　　　　　城邦網址：http://www.cite.com.tw

香港發行所	城邦（香港）出版集團有限公司

　　　　　　　地址：香港九龍土瓜灣土瓜灣道86號順聯工業大廈6樓A室
　　　　　　　電話：(852)25086231 | 傳真：(852)25789337
　　　　　　　電子信箱：hkcite@biznetvigator.com

馬新發行所	城邦（馬新）出版集團 Cite（M）Sdn Bhd

　　　　　　　41, Jalan Radin Anum, Bandar Baru Sri Petaling, 57000 Kuala Lumpur, Malaysia.
　　　　　　　電話：(603) 90563833 | 傳真：(603) 90576622
　　　　　　　電子信箱：services@cite.my

製版印刷	上晴彩色印刷製版有限公司

城邦讀書花園
www.cite.com.tw

【印刷版】
2022年 5 月 5 日　初版一刷
2024年 6 月 5 日　初版二刷
售　價／NT$750
ISBN 978-986-459-394-1
Printed in Taiwan.

【電子版】
2022年 5 月
ISBN 978-986-459-395-8（EPUB）

國家圖書館出版品預行編目資料

酒神舒曼AMERICAN BAR調酒聖經：490道雞尾酒譜+110項基酒知識,當代調酒師及酒吧經營者必備工具書,居家品飲升級指南！/查爾斯·舒曼(Charles Schumann)著；岡特·馬泰(Günter Mattei)繪；魏嘉儀譯. -- 初版. -- 臺北市：積木文化出版：英屬蓋曼群島商家庭傳媒股份有限公司城邦分公司發行, 2022.05
　　面；　公分
譯自：Schumann's Bar
ISBN 978-986-459-394-1 (平裝)

1.CST: 調酒

427.43　　　　　　　111002839

目次

這 本《酒神舒曼AMERICAN BAR調酒聖經》於1991年出版之後，酒吧文化開始有了巨大轉變。當時，本書被視為極具參考價值的指南，很快地也成了酒吧工作的標準手冊，甚至讓酒吧再度變為人們交流與相遇的重點所在。如今，它已被翻譯為眾多不同語言，也成為美國當地的經典調酒書籍。老實說，世界各地皆可見到本書，我最初覺得有些惱人，不過現在我已把這件事視為一種讚賞。

當我在1982年於德國慕尼黑創立舒曼酒吧（Schumann's Bar）時，歐洲各地幾乎沒有任何經典酒吧留存。此外，混調飲品主要會出現在國際商務飯店，酒吧也很少有酒單；就算有，大多也都是那20種不變的調酒與飲品。

而 今，由年輕的吧檯手（bartenders）、調酒師（mixologist）*或「藏在吧檯後方的神秘主廚」領航，以持續穩定出產的各式烈酒、利口酒，還有水果、香草植物、自家浸泡液與調味劑，不斷地進行調酒實驗。網路上充斥著數以千計，而且有時不太可靠的相關文章。

現代酒吧更加生氣蓬勃的同時，卻顯得更矛盾了；這也是本書如今推出改版的原因。改版後的本書，涵括了我在吧檯後方調酒與執行工作時，種種酒吧哲學、想法與酒譜，還有關於酒吧食物等最重要的元素。

---

* 編注：吧檯手除了會調酒，也要有與客人互動和照顧客人的能力，而調酒師較專精於飲品或素材的研發製作。此二名詞現多已被混用。

最後，適時提出建議及極力維護我們獨創想法的顧客，永遠都是我心中最重要的人。所以，各位可以將我們的酒譜，當作發展自己想法與需求的基礎。

感謝以下諸位，若是少了你們，本書不可能成形：我們至今所有書籍的繪圖與圖像設計師岡特・馬泰（Günter Mattei），現在我們又完成了一本著作；史蒂芬・加本伊（Stefan Gabányi），謝謝你撰寫並更新酒款的產品描述。也感謝我的吧檯手，他日復一日地不斷與顧客交流，將我的酒吧哲學帶進大家的日常生活，同時重新詮釋與發展了無數酒譜。

查爾斯・舒曼（Charles Schumann）

調酒索引使用說明

本索引根據以下兩項要素分類，並以英文字母順序排列：

1. 重點飲品類型
2. 基酒

因此，某些調酒或飲品會同時出現在兩個以上的類型當中。最後，右方數字為相應酒譜的頁碼。（編按：先從本頁下方的兩大要素篩選飲品類別，便可快速搜尋到您想參考的酒譜位置！）

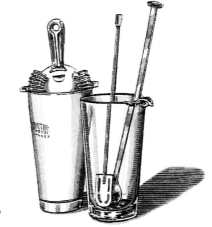

開胃酒

白蘭地調酒

卡夏莎調酒

解酒與亡者復甦

高球

熱飲

無酒精飲品

蘭姆酒調酒

清酒與燒酎

沙瓦

龍舌蘭調酒

伏特加調酒

威士忌調酒

酒譜 A ~ Z 使用說明

（1）飲品名稱右方的年份，代表舒曼於該年原創此酒譜。

（2）飲品名稱右上的星號（＊），代表此飲品擁有一條或一
條以上的注釋。

（3）酒譜旁的玻璃杯圖示，為各飲品與調酒的建議杯具。

（4）些許，代表須以噴霧噴濺一至數次（此為酒吧量詞中的
最小單位）。

（5）壓榨，代表需使用調酒攪拌杵（pestle）壓榨水果、葉
子（例如薄荷葉）或其他香草植物。

（6）漂浮，代表要謹慎地讓少量液體（通常是烈酒）漂浮於
調酒頂部。

（7）所有杯具都應預先冰鎮。

A & B（1982）

1盎司雅瑪邑白蘭地（Armagnac）

¾盎司廊酒（Bénédictine）

倒入古典杯（Old Fashioned glass），與冰塊一起攪拌。

ABBEY COCKTAIL 修道院

1½盎司柳橙汁

1½盎司琴酒

些許柳橙苦精

倒入雪克杯（shaker）與冰塊一起充分搖盪。將
酒液濾入一只馬丁尼杯（cocktail glass）裡。

ABSINTHE N°2 艾碧斯二號*

1¾盎司琴酒

¼盎司保樂（Pernod）艾碧斯

些許柳橙苦精

倒入調酒攪拌杯（mixing glass）或雪克杯一起
攪拌。將酒液濾入裝有冰塊的高球杯（highball
glass）。

*原創者：巴黎麗池酒吧，法蘭克・梅爾（Frank Meier）。

ABSINTHE SPECIAL 艾碧斯特調

1½盎司艾碧斯

些許茴香酒（anisette）

些許柳橙苦精

倒入小型高球杯（highball glass）後攪拌，最終以水滿上。

ACAPULCO 阿卡波卡

½萊姆汁

¾盎司玫瑰牌（Rose's）萊姆汁

1顆蛋白

1½盎司白蘭姆酒

¾盎司君度橙酒（Cointreau）

倒入雪克杯，並與冰塊充分搖盪。將酒液濾入一只冰鎮過的馬丁尼杯。

A.C.C. 美國香檳調酒（1983）*

些許檸檬汁

¾盎司血橙汁

¾盎司野火雞（Wild Turkey）威士忌

¼盎司金馥利口酒（Southern Comfort）

香檳

將前四項原料倒入雪克杯中，與冰塊充分搖盪。將酒液濾入長型香檳杯（champagne flute），以香檳滿上。

* American Champagne Cocktail

ADONIS 阿多尼斯

1盎司不甜型雪莉酒

½盎司甜型香艾酒

½盎司白香艾酒

些許柳橙苦精

倒入調酒攪拌杯與冰塊一起攪拌。將酒液濾入一只冰鎮過的馬丁尼杯。

AFFINITY 親密關係*

½盎司不甜型香艾酒

½盎司甜型香艾酒

1盎司蘇格蘭威士忌

些許柳橙苦精，或是安格仕苦精（Angostura bitters）

倒入調酒攪拌杯與冰塊一起攪拌。將酒液濾入一只冰鎮過的馬丁尼杯。

* 蘇格蘭曼哈頓（Scotch Manhattan）。

ALASKA 阿拉斯加

1½盎司琴酒

¼盎司黃蕁麻（yellow Chartreuse）利口酒

些許柳橙苦精

倒入調酒攪拌杯與冰塊一起攪拌。將酒液濾入一只冰鎮過的馬丁尼杯。

ALEXANDER 亞歷山大

1½盎司鮮奶油

1盎司琴酒或白蘭地

¾盎司可可利口酒（crème de cacao）

白豆蔻

倒入雪克杯與冰塊一起充分搖盪。將酒液濾入一只馬丁尼杯，最後撒上豆蔻。

ALFONSO 阿方索

1顆方糖

些許安格仕苦精

1¼盎司多寶力（Dubonnet）利口酒

香檳

扭轉檸檬皮

將方糖放入一只長型香檳杯，並以安格仕圖拉苦精浸濕。
加入一顆方形冰塊，倒入多寶力利口酒，接著以香檳滿
上。最後以扭轉檸檬皮裝飾。

ALGONQUIN 阿崗昆（2009）

¾盎司萊姆汁

1½盎司白蘭姆酒

¼盎司廊酒

¼盎司華冠（Chambord）利口酒

倒入雪克杯與冰塊一起充分搖盪。將酒液濾入馬丁尼杯。

AMARETTO SOUR 扁桃仁沙瓦

¾盎司檸檬汁

¾盎司柳橙汁

¾盎司扁桃仁利口酒（amaretto）

¼~¾盎司白蘭地

去梗櫻桃

倒入雪克杯與冰塊一起充分搖盪。將酒液濾入
一只沙瓦杯（sour glass），最後以櫻桃裝飾。

AMBRE 琥珀（2006）

¼～¾盎司蜂蜜漿

¾盎司檸檬汁

1½盎司蘇格蘭威士忌

¾盎司不甜型雪莉酒

1塊八角

倒入一只古典杯與冰塊一起攪拌，再放入八角。

AMBROSIA 仙饌

些許檸檬汁

些許橙皮利口酒（triple sec）

¾盎司白蘭地

¾盎司蘋果白蘭地

香檳

將前四項原料倒入雪克杯，與冰塊一起充分搖盪。將酒液濾入一只長型香檳杯，最後以香檳滿上。

AMERICAN BEAUTY 美國甜心

¼盎司不甜型香艾酒

¼盎司甜型香艾酒

¾盎司白蘭地

些許石榴汁

¾盎司柳橙汁

茶色波特（tawny port）

將前五項原料倒入調酒攪拌杯與冰塊一起攪拌。將酒液濾入一只馬丁尼杯，最後漂浮一點波特。

AMERICANO 美國佬

1盎司金巴利（Campari）利口酒

1盎司甜型香艾酒（也可使用其他香艾酒）

扭轉柳橙皮

將酒倒入一只裝滿冰塊的開胃酒杯（aperitif glass），
最後以扭轉柳橙皮裝飾（也許再以蘇打水滿上）。

ANDALUSIA 安達盧西亞

¾盎司不甜型雪莉酒

¼盎司阿蒙提亞多雪莉酒（sherry amontillado）

¾盎司白蘭地

扭轉檸檬皮

倒入調酒攪拌杯與冰塊一起攪拌。將酒液濾入一只冰鎮過
的馬丁尼杯，最後以檸檬皮裝飾。

ANGEL'S DELIGHT 天使的喜悅

1½盎司鮮奶油

些許石榴

¾盎司橙皮利口酒

¾盎司琴酒

倒入雪克杯與冰塊一起充分搖盪。將酒液濾入馬丁尼杯。

APEROL SCHUMANN'S
舒曼之艾普羅（1991）

¾盎司檸檬汁

¼盎司玫瑰牌萊姆汁

1¼盎司艾普羅（Aperol）利口酒

1¼盎司柳橙汁

倒入雪克杯與冰塊一起充分搖盪。將酒液濾入一只裝滿碎冰的小型高球杯。

APEROL SOUR 艾普羅沙瓦*

1盎司檸檬汁

¼盎司葡萄柚汁

1盎司柳橙汁

2盎司艾普羅利口酒

柳橙切片

櫻桃

倒入雪克杯與冰塊一起充分搖盪。將酒液濾入一只沙瓦杯，最後放上柳橙切片與櫻桃。

＊此為舒曼版本。

APOTHECARY 藥劑師

1盎司潘托蜜（Punt e Mes）

¾盎司芙內布蘭卡（Fernet Branca）草本苦精

¼盎司綠色薄荷利口酒

倒入裝滿方形冰塊的調酒攪拌杯一起攪拌。將酒液濾入一只冰鎮過的馬丁尼杯（也可以添加些許金巴利利口酒或安格仕苦精）。

APPLE BRANDY SOUR 蘋果白蘭地沙瓦

¾~1盎司檸檬汁

¼~¾盎司糖漿

1¼盎司蘋果傑克／蘋果白蘭地（applejack／calvados）

去梗櫻桃

倒入雪克杯與冰塊一起充分搖盪。將酒液濾入一只沙瓦杯，最後以櫻桃裝飾。

APPLE CAR 蘋果車

¾盎司檸檬汁

¼盎司橙皮利口酒

1½盎司蘋果傑克

去梗櫻桃

倒入雪克杯與冰塊一起充分搖盪。將酒液濾入一只沙瓦杯，最後以櫻桃裝飾。

APPLE SUNRISE 蘋果日出（1980）

些許檸檬汁

¼盎司黑醋栗香甜酒

1¾盎司蘋果傑克

2¾盎司柳橙汁

將所有原料依序倒入可林杯（collins glass）中，輕柔地攪拌。

APPLEJACK HIGHBALL 蘋果傑克高球

¾盎司柳橙汁

些許石榴汁

1¾盎司蘋果白蘭地

薑汁汽水

將前三項原料倒入可林杯，與冰塊一起攪拌，最後以薑汁
汽水滿上。

APRICOT LADY 杏桃佳人

¾盎司檸檬汁

1顆蛋白

¾盎司杏桃白蘭地

1盎司白蘭姆酒

去梗櫻桃

倒入雪克杯與冰塊一起充分搖盪。將酒液濾入一只沙瓦
杯，最後以櫻桃裝飾。

APRIL SHOWER 四月雨

1盎司柳橙汁

¼盎司廊酒

1盎司白蘭地

倒入雪克杯與冰塊一起充分搖盪。將酒液濾入一只冰鎮過
的馬丁尼杯。

ARSHAVIN 阿爾沙文（2008）

3½盎司薑汁汽水

3½盎司大黃汁

5滴貝橋（Peychaud's）苦精

2片大顆葡萄柚切片

在葡萄酒杯（wine glass）裝入碎冰至半滿。放入葡萄柚切片，並稍微壓榨。倒入薑汁汽水、果汁、苦精之後攪拌。

ARTHUR & MARVIN SPECIAL 亞瑟&馬文特調（1985/86）

3½盎司牛奶

¼盎司萊姆糖漿

¼盎司芒果糖漿

些許石榴汁

酸櫻桃（amarelle cherry）

倒入雪克杯與碎冰一起充分搖盪。將酒液濾入一只高球杯，以碎冰滿上，最後用櫻桃裝飾。

AVIATION 飛行

¾盎司檸檬汁

1吧匙極細糖

些許紫羅蘭利口酒

1¾盎司琴酒

倒入雪克杯與冰塊一起充分搖盪。將酒液濾入一只冰鎮過的馬丁尼杯。

B & B

1盎司白蘭地

¾盎司廊酒

倒入一只古典杯與冰塊一起攪拌（也可以不加冰塊，以雪莉杯裝盛）。

B & P

1盎司波特（茶色或紅寶石）

¾盎司白蘭地

倒入一只古典杯與冰塊一起攪拌。

BABYLOVE 寶寶的最愛（1986）

1½盎司牛奶

1½盎司椰奶

¾盎司鮮奶油

2盎司鳳梨汁

¾盎司香蕉糖漿（或半根香蕉泥）

倒入雪克杯與冰塊一起充分搖盪。將酒液濾入一只可林杯，以碎冰滿上。

BACARDI COCKTAIL 百加得

¾盎司檸檬或萊姆汁

1吧匙糖粉

些許石榴汁

1¾盎司百加得（Bacardi）蘭姆酒

倒入雪克杯與冰塊一起充分搖盪。將酒液濾入一只冰鎮過的馬丁尼杯。

BAHIA 巴伊亞

2¾~3½盎司鳳梨汁

¾盎司椰子鮮奶油

1¼盎司白蘭姆酒

1吧匙鮮奶油

鳳梨切塊

酸櫻桃

倒入雪克杯與冰塊一起充分搖盪。將酒液濾入一只高球
杯，以碎冰裝至半滿，最後用鳳梨與櫻桃裝飾。

BALTIMORE EGGNOG 巴爾的摩蛋酒

¼盎司鮮奶油

1顆蛋

2吧匙糖粉

¾盎司糖漿

¾盎司馬德拉酒（Madeira）

¾盎司白蘭地

¾盎司深蘭姆酒

2¾~3½盎司牛奶

將前七項原料倒入雪克杯與冰塊一起充分搖盪。將酒液濾
入一只可林杯，以冰牛奶滿上。

BAMBOO COCKTAIL 竹子

1盎司阿蒙提亞多雪莉

¾盎司不甜型香艾酒

些許柳橙苦精

倒入調酒攪拌杯與冰塊一起攪拌。將酒液濾入一只冰鎮過
的馬丁尼杯。

BANANA DAIQUIRI 香蕉黛克瑞

¼顆萊姆汁

½根香蕉泥

些許香蕉糖漿

1½盎司白蘭姆酒

倒入雪克杯與冰塊一起充分搖盪。將酒液濾入一只馬丁尼杯（也可以倒入碎冰）。

BARBARA 芭芭拉*

1¼盎司鮮奶油

¾盎司白可可利口酒

1½盎司伏特加

豆蔻

倒入雪克杯與冰塊一起充分搖盪。將酒液濾入一只馬丁尼杯，最後撒上豆蔻。

* 伏特加亞歷山大（Vodka Alexander）。

BATIDA DE BANANA
香蕉巴迪達（1986）

½根香蕉

些許香蕉糖漿

1½~2盎司鳳梨汁

¼~¾盎司鮮奶油

¾盎司卡夏莎（cachaça）

以攪拌機攪拌。將酒液濾入一只裝滿碎冰的大型高球杯。

Batida de Coco 可可巴迪達（1986）

¾盎司椰子鮮奶油

¼盎司鮮奶油

2盎司鳳梨汁

¾盎司卡夏莎

倒入雪克杯與碎冰一起充分搖盪。將酒液濾入一只裝滿碎冰的大型高球杯。

Batida de Maracuja
百香果巴迪達（1986）

大量百香果（或2盎司百香果汁）

2盎司鳳梨汁

些許萊姆汁

¾盎司卡夏莎

以攪拌機攪拌。將酒液濾入一只裝滿碎冰的大型高球杯。

B

Batida do Brazil
巴西巴迪達（1986）

¾盎司椰子鮮奶油

2¾盎司椰奶

¾盎司卡夏莎

倒入一只大型高球杯與碎冰一起攪拌（也可以使用雪克杯搖盪）。

BATIDA DO CARNEVAL
嘉年華巴迪達（1986）

1盎司柳橙汁

2¼盎司芒果汁

¾盎司卡夏莎

倒入一只大型高球杯（或雪克杯）與碎冰一起攪拌。

BBC 白蘭地廊酒鮮奶油（1979）*

¾盎司廊酒

1½盎司白蘭地

1盎司鮮奶油

倒入一只古典杯與冰塊一起攪拌。

* Brandy Bénédictine Cream

BEACHCOMBER 海灘遊俠

¾盎司萊姆汁

¼盎司橙皮利口酒

些許瑪拉斯奇諾櫻桃利口酒（maraschino）

1½盎司白蘭姆酒

倒入雪克杯與冰塊一起充分搖盪。將酒液濾入一只冰鎮過的馬丁尼杯。

BEE'S KISS 蜂之吻

¾盎司鮮奶油

2吧匙蜂蜜

1½盎司白蘭姆酒

¼盎司深蘭姆酒

倒入雪克杯與冰塊一起充分搖盪。將酒液濾入馬丁尼杯。

BELLEVUE 貝爾維（1986）

2盎司鳳梨汁

¾盎司椰子鮮奶油

¼顆萊姆汁

¼盎司萊姆汁

1½盎司白蘭姆酒

倒入雪克杯與冰塊一起充分搖盪。將酒液濾入一只裝滿碎冰的大型高球杯。

BELLINI 貝里尼*

白桃泥

些許檸檬汁

些許桃子白蘭地

普賽克氣泡酒（prosecco）或香檳

將白桃、檸檬汁與桃子白蘭地倒入一只長型香檳杯一起攪拌，並謹慎地以普賽克氣泡酒滿上。

*威尼斯哈利酒吧（Harry's Bar）的招牌調酒。

BENTLEY 賓利

1盎司多寶力利口酒

1盎司蘋果白蘭地

倒入一只古典杯與冰塊一起攪拌。

BETWEEN THE SHEETS 床笫之間

¾盎司檸檬汁

¼盎司橙皮利口酒

一點糖粉

¾盎司白蘭地

¾盎司白蘭姆酒

倒入雪克杯與冰塊一起充分搖盪。將酒液濾入一只冰鎮過的馬丁尼杯。

BEUSER & ANGUS SPECIAL
伯瑟和安格斯特調*

1顆萊姆的萊姆汁

1顆蛋白

些許糖漿

¾盎司瑪拉斯奇諾櫻桃利口酒

2盎司蕁麻利口酒

些許橙花水

將前五項原料倒入雪克杯，與冰塊一起充分搖盪。將酒液濾入一只裝滿碎冰的古典杯，最後漂浮些許橙花水。

* 德國柏林維多利亞酒吧（Victoria Bar）首創。

BIJOU 寶石

¾盎司白香艾酒

¼盎司綠蕁麻利口酒

¾盎司琴酒

些許柳橙苦精

倒入調酒攪拌杯與冰塊一起攪拌。將酒液濾入一只冰鎮過的馬丁尼杯。

BISHOP 主教（2008）

5片薄薑片

1吧匙蜂蜜

熱水

¾盎司特陳蕁麻利口酒（Chartreuse V.E.P.）

將薑片與蜂蜜水倒入一只高球杯一起攪拌。以熱水滿上後攪拌，最後小心漂浮蕁麻利口酒。

BITTERMAN'S FRIEND 畢特曼之友（2008）

3½盎司Sanbitter牌汽水

5滴貝橋（Peychaud's）苦精

2瓣柳橙

薑汁汽水

將汽水倒入一只裝了冰塊的葡萄酒杯。放入貝橋苦精與柳橙，倒入薑汁汽水並攪拌。

BITTER SWEET 甘苦

1盎司甜型香艾酒

1盎司不甜型香艾酒

些許柳橙苦精

柳橙皮

倒入調酒攪拌杯與冰塊一起攪拌。將酒液濾入一只冰鎮過的馬丁尼杯，並把柳橙皮扭轉後放入杯中。

BITTERS HIGHBALL 苦高球

數塊方糖

些許安格仕苦精或柳橙苦精

薑汁汽水

檸檬皮

在裝了方形冰塊的可林杯中，撒入些許安格仕苦精。以薑汁汽水滿上，放入檸檬皮之後攪拌。

BLACK DEVIL 黑魔鬼*

¼盎司不甜型香艾酒

1½盎司白蘭姆酒

黑橄欖

倒入調酒攪拌杯與冰塊一起攪拌。將酒液濾入一只冰鎮過的馬丁尼杯，最後放入黑橄欖（也可以倒入古典杯與冰塊一起攪拌）。

* 此為蘭姆馬丁尼。

BLACK & FALL 夜幕深沉

¾盎司干邑白蘭地

¾盎司蘋果白蘭地

¼盎司君度橙酒

些許艾碧斯

倒入調酒攪拌杯與冰塊一起攪拌。將酒液濾入一只冰鎮過的馬丁尼杯。

BLACK JACK 黑傑克

¾盎司白蘭地

¾盎司櫻桃白蘭地

1杯冰咖啡

糖（視個人需求）

倒入一只小型高球杯與冰塊一起攪拌。

BLACK MAGIC 黑魔法

1盎司伏特加

¼盎司卡魯哇咖啡利口酒（Kahlúa）

1杯冰咖啡

些許檸檬汁

倒入一只小型高球杯與冰塊一起攪拌。

B

BLACK MARIE 黑瑪麗（1986）

¾盎司深蘭姆酒

¾盎司白蘭地

¼盎司堤亞瑪麗亞咖啡利口酒（Tia Maria）

1杯冰咖啡

1吧匙紅糖

倒入雪克杯與碎冰一起充分搖盪。將酒液濾入一只大型高球杯。

BLACK RUSSIAN 黑俄羅斯

1½盎司伏特加

¾盎司卡魯哇咖啡利口酒

倒入一只古典杯與冰塊一起攪拌。

BLACK VELVET 黑色天鵝絨

健力士啤酒（Guinness）

香檳

將健力士倒入一只長型香檳杯至半滿，最後以香檳滿上。

BLACK WIDOW 黑寡婦

½顆萊姆汁

1吧匙糖粉

¼盎司金馥利口酒

1盎司金蘭姆酒

倒入雪克杯與冰塊一起充分搖盪。將酒液濾入沙瓦杯。

BLACKTHORN 黑荊棘

¾盎司娜利普萊（Noilly Prat）香艾酒

¾盎司愛爾蘭威士忌

些許茴香酒

些許安格仕苦精

倒入調酒攪拌杯與冰塊一起攪拌。將酒液濾入一只冰鎮過的馬丁尼杯。

BLANCHE 雪白

¾盎司伏特加

1盎司橙皮利口酒

¼盎司茴香酒

些許檸檬汁

倒入雪克杯與冰塊一起充分搖盪。將酒液濾入一只冰鎮過的馬丁尼杯。

BLOOD-AND-SAND COCKTAIL 血與沙

¾盎司柳橙汁

¾盎司櫻桃白蘭地

¾盎司甜型香艾酒

¾盎司蘇格蘭威士忌

倒入雪克杯與冰塊一起充分搖盪。將酒液濾入一只冰鎮過的馬丁尼杯。

BLOODHOUND COCKTAIL 獵犬

¾盎司不甜型香艾酒

¾盎司白香艾酒

¾盎司琴酒

倒入調酒攪拌杯與冰塊一起攪拌。將酒液濾入一只冰鎮過的馬丁尼杯。

B

BLOODY BULL 血腥公牛

¼盎司檸檬汁

芹菜鹽

現磨胡椒

塔巴斯科辣椒醬（Tabasco）

伍斯特醬（Worcestershire sauce）

1¾盎司伏特加

2盎司番茄汁

2盎司清肉湯

芹菜莖

倒入一只大型高球杯與冰塊一起攪拌，最後以芹菜莖裝飾（也可以使用雪克杯）。

BLOODY MARIA 血腥瑪麗亞*

¼盎司檸檬汁

伍斯特醬

芹菜鹽

現磨胡椒

塔巴斯科辣椒醬

1½盎司龍舌蘭酒

4盎司番茄汁

芹菜莖

倒入大型高球杯與冰塊一起攪拌，最後以芹菜莖裝飾。

* 龍舌蘭瑪麗亞（Tequila Maria）、龍舌蘭瑪麗（Tequila Mary）、
濕背人（Wetback）。

B

BLOODY MARY 血腥瑪麗

¼盎司檸檬汁

伍斯特醬

芹菜鹽

現磨胡椒

塔巴斯科辣椒醬

1¾盎司伏特加

4盎司番茄汁

芹菜莖

倒入大型高球杯與冰塊一起攪拌，最後以芹菜莖裝飾。

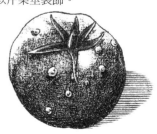

BLOODY VIRGIN BULL 血腥稚公牛

2盎司番茄汁

2盎司清肉湯

¼盎司檸檬汁

伍斯特醬

芹菜鹽

現磨胡椒

將塔巴斯科辣椒醬倒入一只大型高球杯，與冰塊一起攪拌。

BLUE CHAMPAGNE 藍香檳

¼盎司檸檬汁

些許橙皮利口酒

些許藍庫拉索酒（blue curaçao）

1盎司伏特加（或琴酒）

香檳

將前四項原料倒入大型高球杯與冰塊一起充分搖盪。將酒液濾入一只長型香檳杯，最後以香檳滿上。

BLUE DEVIL 藍魔鬼

¼~¾盎司檸檬汁

些許瑪拉斯奇諾櫻桃利口酒

些許藍庫拉索酒

一點糖粉

1½盎司琴酒

倒入雪克杯與冰塊一起充分搖盪。將酒液濾入馬丁尼杯。

BOBBY BURNS 鮑比伯恩斯*

¾盎司甜型香艾酒

¾盎司不甜型香艾酒

¾盎司蘇格蘭威士忌

些許廊酒

去梗櫻桃

倒入裝滿方形冰塊的調酒攪拌杯一起攪拌。將酒液濾入一只冰鎮過的馬丁尼杯後，以櫻桃裝飾。

＊此為羅伯‧洛伊（Rob Roy）版本。

BOINA ROJA（RED BERET） 紅貝雷帽

½顆萊姆汁

些許石榴汁

1吧匙糖粉

¾盎司白蘭姆酒

1½盎司特陳白蘭姆酒

薄荷嫩葉

去梗櫻桃

倒入一只小型高球杯與碎冰一起攪拌。擠入萊姆汁，並以薄荷嫩葉與櫻桃裝飾（或許也可用雪克杯搖盪）。

BOLERO 波麗露

¾盎司甜型香艾酒

¾盎司白蘭姆酒

¾盎司蘋果白蘭地

倒入調酒攪拌杯與冰塊一起攪拌。將酒液濾入一只冰鎮過的馬丁尼杯。

BOMBAY 孟買

½盎司不甜香艾酒

½盎司白香艾酒

¾盎司白蘭地

些許艾碧斯

倒入調酒攪拌杯與冰塊一起攪拌。將酒液濾入一只冰鎮過的馬丁尼杯。

BORIS' GOOD NIGHT CUP
鮑里斯好夢酒（1986）

¾盎司鮮奶油

½根香蕉

些許香蕉糖漿

1½盎司鳳梨汁

1½盎司木瓜汁

與碎冰一起以攪拌機攪拌。將酒液濾入一只大型高球杯。

BOSTON SOUR 波士頓沙瓦

¾盎司檸檬汁

1顆蛋白

2吧匙糖粉

些許糖漿

1½盎司波本威士忌

去梗櫻桃

倒入雪克杯與冰塊一起充分搖盪。將酒液濾入一只裝有冰塊的古典杯，最後以櫻桃裝飾。

BOURBON HIGHBALL 波本高球

1¾盎司波本威士忌

薑汁汽水

螺旋檸檬皮

將波本威士忌倒入一只裝了方形冰塊的可林杯，並倒入薑
汁汽水，最後以螺旋檸檬皮裝飾（也可以用其他蘇打水或
水混調）。

BRAMBLE 荊棘

¾盎司檸檬汁

些許糖漿

1吧匙糖粉

1¼盎司琴酒

¾盎司黑莓利口酒

黑莓

倒入雪克杯與冰塊一起充分搖盪。將酒液濾入一只裝滿碎
冰的古典杯，以黑莓利口酒漂浮，最後加上黑莓。

BRANDY & SODA 白蘭地蘇打

1½~2盎司白蘭地

蘇打水

將白蘭地倒入一只裝了冰塊的可林杯。以蘇打水
滿上（遠東地區會使用優質干邑白蘭地）。

BRANDY EGGNOG 白蘭地蛋酒

1顆蛋黃

¼盎司糖漿

1½盎司白蘭地

¼盎司茶色波特

3½盎司牛奶

¾盎司鮮奶油

豆蔻

倒入雪克杯與冰塊一起充分搖盪。將酒液濾入一
只裝滿冰塊的高球杯，最後撒上豆蔻。

BRANDY FLIP 白蘭地蛋蜜酒

1顆蛋黃

¾盎司糖漿

¾盎司鮮奶油

1¾盎司白蘭地

豆蔻

倒入雪克杯與冰塊一起充分搖盪。將酒液濾入一只馬丁尼
杯，最後撒上豆蔻。

BRANDY SOUR 白蘭地沙瓦

¾盎司檸檬汁

¼~¾盎司糖漿

1¾盎司白蘭地

去梗櫻桃

倒入雪克杯與冰塊一起充分搖盪。將酒液濾入一只沙瓦
杯，最後以櫻桃裝飾。

BRANDY STINGER 白蘭地毒刺

1½盎司白蘭地

¾盎司白薄荷利口酒

倒入一只古典杯與冰塊一起攪拌。

BRAVE BULL 猛牛

1盎司龍舌蘭酒

¾盎司堤亞瑪麗亞咖啡利口酒

打發的鮮奶油

倒入調酒攪拌杯與冰塊一起攪拌。將酒液濾入一只雪莉杯，最後添上打發的鮮奶油。

BREAKFAST EGGNOG 早餐蛋酒

1顆蛋

1吧匙糖粉

¼盎司橙皮利口酒

¾盎司杏桃白蘭地

2盎司牛奶

¼盎司鮮奶油

豆蔻

倒入雪克杯與冰塊一起充分搖盪。將酒液濾入一只馬丁尼杯，最後撒上豆蔻。

BRIGHTON PUNCH 布萊頓潘趣

¾盎司檸檬汁

2盎司柳橙汁

¼盎司廊酒

1吧匙糖粉

¾盎司白蘭地

¾盎司波本威士忌

倒入雪克杯與冰塊一起充分搖盪。將酒液濾入一只裝滿冰塊的可林杯。

BRIGITTE BARDOT
碧姬‧芭杜（1981/2009）

¾盎司鮮奶油

1顆蛋

¾盎司君度橙酒

1½盎司白蘭地

¼盎司波本威士忌

倒入雪克杯與冰塊一起充分搖盪。將酒液濾入馬丁尼杯。

BROKEN SPUR COCKTAIL 破馬刺

1顆蛋

¾盎司白香艾酒

些許茴香酒

¾盎司琴酒

¾盎司白波特酒

倒入雪克杯與冰塊一起充分搖盪。將酒液濾入馬丁尼杯。

BROOKLYN 布魯克林

¾盎司甜型香艾酒

1盎司裸麥威士忌

些許瑪拉斯奇諾櫻桃利口酒

倒入調酒攪拌杯與冰塊一起攪拌。將酒液濾入一只
冰鎮過的馬丁尼杯。

BRONX MEDIUM（PERFECT）
中性（完美）布朗克斯

¼盎司甜型香艾酒

¼盎司不甜香艾酒

1盎司琴酒

1½盎司柳橙汁

倒入雪克杯與方形冰塊一起充分搖盪。將酒液濾入
一只冰鎮過的馬丁尼杯。

不甜（DRY）——僅使用不甜型香艾酒
甜（SWEET）——僅使用甜型香艾酒
黃金（GOLDEN）——加上蛋黃
銀白（SILVER）——加上蛋白

BROWN FOX 棕狐

1½盎司波本威士忌

¾盎司廊酒

倒入一只古典杯與冰塊一起攪拌。

BUCK'S FIZZ 巴克費茲*

½顆柳橙榨汁

香檳

將柳橙汁倒入裝有冰塊的一只長型香檳杯。以香檳滿上，
並輕柔攪拌。

＊此酒譜亦適用於製作含羞草（Mimosa）。

＊編注：如要製作含羞草，柳橙汁與香檳的比例為1：1。

BULL FROG 牛蛙

1¾盎司伏特加

七喜汽水

萊姆切塊

將伏特加倒入一只裝了冰塊的可林杯。以七喜汽水滿上，
再現擠萊姆汁後，將萊姆切塊放入杯中，最後輕柔攪拌。

BULL SHOT 公牛子彈

1¾~2盎司伏特加

3½盎司牛肉清湯

將伏特加與冰牛肉清湯倒入一只小型高球杯攪拌（牛肉清
湯請加入大量芹菜，在燉煮期間就要嘗味道，而不是煮完
再嘗！）

BULLDOG HIGHBALL 鬥牛犬高球

1½盎司柳橙汁

1¾盎司琴酒

薑汁汽水

將柳橙汁與琴酒倒入裝了冰塊的可林杯攪拌，
最後以薑汁汽水滿上。

BULL'S MILK 公牛奶（熱飲）

1¼盎司深蘭姆酒

¾盎司干邑白蘭地

牛奶

楓糖漿

將蘭姆酒與干邑白蘭地裝入一只耐高溫玻璃杯加熱。以熱
牛奶滿上，再用楓糖漿增加甜味（也可以做成冷飲）。

BUÑUELONI 布紐爾羅尼

1盎司潘托蜜

¾盎司甜型香艾酒

1盎司琴酒

檸檬皮與柳橙皮

倒入一只開胃杯或高球杯與冰塊一起攪拌。在杯上扭轉檸
檬皮與柳橙皮，再放入杯中。

BUSHRANGER 叢林大盜

1盎司多寶力利口酒

1盎司白蘭姆酒

些許安格仕苦精

倒入一只古典杯與冰塊一起攪拌。

CAFÉ BRÛLOT 烈燒咖啡館

1~1½盎司干邑白蘭地

些許橙皮利口酒

1杯熱咖啡

檸檬皮與柳橙皮

丁香與肉桂

方糖

以一只耐高溫玻璃杯加熱干邑白蘭地。倒入熱咖啡，再放入檸檬皮、柳橙皮、丁香與肉桂，最後與方糖一起攪拌。

CAFÉ CAEN 康城咖啡館（1983）

1盎司蘋果白蘭地

¼~¾盎司柑曼怡（Grand Marnier）干邑香橙利口酒

1杯熱咖啡

稍稍打發的鮮奶油

方糖

以一只耐高溫玻璃杯加熱利口酒。倒入咖啡後攪拌，最後放上打發鮮奶油與方糖。

CAFÉ DE PARIS 巴黎咖啡館

1盎司鮮奶油

1顆蛋白

¼盎司茴香酒

1吧匙糖粉

1盎司琴酒

倒入雪克杯與冰塊一起充分搖盪。將酒液濾入馬丁尼杯。

CAFÉ PUCCI 普奇咖啡館（1983）

1盎司黃金蘭姆酒

¼盎司扁桃仁利口酒

紅糖

1杯義式濃縮咖啡

稍稍打發的鮮奶油

將蘭姆酒與扁桃仁利口酒裝入一只耐高溫玻璃杯加熱。加
入紅糖攪拌，再倒入義式濃縮咖啡，再次攪拌，最後放上
打發鮮奶油。

CAFÉ SAN JUAN 聖胡安咖啡館（1983）

1¼盎司黃金蘭姆酒

1杯濃烈冰咖啡

檸檬皮

糖

將蘭姆酒倒入一只裝了冰塊的小型高球杯。以咖啡滿上，
然後攪拌。在高球杯上方扭轉檸檬皮，並放入杯中，最後
撒上糖。

CAFFÈ FIRENZE 翡冷翠咖啡（2007）

雙份義式濃縮咖啡

¾盎司安堤卡頂級香艾酒（Carpano Antica Formula）

製作義式濃縮咖啡並將安堤卡倒入，再以咖啡杯裝盛。

CAIPIRINHA 卡琵莉亞

萊姆切塊

1~2吧匙糖（也可選用方糖、紅糖或紅糖糖漿）

1¾盎司卡夏莎

在一只小型高球杯中放入萊姆切塊與糖。以攪拌杵充分壓榨。倒入卡夏莎並攪拌。以碎冰滿上之後，再度攪拌。

CAIPIRISSIMA——將卡琵莉亞的基酒代換成蘭姆酒
CAIPIROSKA——將卡琵莉亞的基酒代換成伏特加

CAMPARI CADIZ 卡迪斯金巴利（2007）

¾盎司金巴利利口酒

1盎司芬諾雪莉（fino）

¼~¾盎司白蘭地

倒入一只小型高球杯與冰塊一起攪拌。

CAMPARI COCKTAIL 金巴利

1盎司金巴利利口酒

¾盎司伏特加

些許安格仕苦精

柳橙皮

倒入雪克杯與冰塊一起充分搖盪。將酒液濾入一只冰鎮過的馬丁尼杯後，在馬丁尼杯上扭轉檸檬皮，再放入杯中。

CAMPARI SHAKERATO 金巴利雪克

些許檸檬汁

1½~1¾盎司金巴利利口酒

檸檬皮

倒入雪克杯與碎冰一起充分搖盪。將酒液濾入冰鎮過的開胃酒杯或馬丁尼杯後，在杯上扭轉檸檬皮，再放入杯中。

CANCHANCHARA 坎恰恰拉*

¼盎司檸檬汁

¼~¾盎司液態蜂蜜（蜂蜜糖漿）

1¼盎司白蘭姆酒

一點水

倒入一只古典杯與冰塊一起攪拌。

* 此為古巴千里達（Trinidad）坎恰恰拉酒吧（La Canchanchara Bar）的招牌調酒。

CARDINALE 樞機主教*

¾盎司不甜型香艾酒

¾盎司金巴利利口酒

¾盎司琴酒

檸檬皮

倒入開胃酒杯與冰塊一起攪拌。在開胃酒杯上扭轉檸檬皮，再放入杯中（可以用蘇打水滿上）。

* 此為內格羅尼（Negroni）版本。

CARL JOSEF 卡爾喬瑟夫（1983）

¾盎司櫻桃白蘭地

¼盎司希琳（Heering）櫻桃利口酒

香檳

將櫻桃白蘭地與希琳櫻桃利口酒倒入調酒攪拌杯與冰塊一起攪拌。將酒液濾入一只長型香檳杯，最後以香檳滿上。

CARUSO 卡羅素

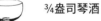

¾盎司不甜型香艾酒

¾盎司琴酒

¼盎司綠薄荷利口酒

倒入調酒攪拌杯與冰塊一起攪拌。將酒液濾入冰鎮過的馬丁尼杯（也可以倒入古典杯與冰塊一起攪拌後上桌）。

CASABLANCA 卡薩布蘭卡

¼盎司檸檬汁

¾盎司蛋酒

1½盎司柳橙汁

1盎司伏特加

倒入雪克杯與冰塊一起充分搖盪。將酒液濾入馬丁尼杯。

CASINO 賭場

些許檸檬汁

些許瑪拉斯奇諾櫻桃利口酒

些許柳橙苦精

1¾盎司琴酒

倒入調酒攪拌杯與冰塊一起攪拌。將酒液濾入一只冰鎮過的馬丁尼杯。

CASTRO COOLER 卡斯楚酷樂

¼盎司新鮮萊姆汁

¾盎司玫瑰牌萊姆汁

1½盎司柳橙汁

1吧匙糖粉

1¼盎司黃金蘭姆酒

¾盎司蘋果白蘭地

萊姆切塊

倒入雪克杯與碎冰一起充分搖盪。將酒液濾入裝了碎冰的可林杯。在杯上現擠萊姆汁後,將萊姆切塊放入杯中。

C.C.C. 金巴利香檳(2009)*

1~1½盎司金巴利利口酒

些許君度橙酒

香檳

檸檬皮

將金巴利利口酒倒入一只長型香檳杯,並注入些許君度橙酒,以香檳滿上,最後加上檸檬皮。

* Campari Champagne

CENTENARIO 世紀

1顆萊姆

些許石榴汁

¼盎司堤亞瑪麗亞咖啡利口酒

¼盎司橙皮利口酒

¾盎司特陳白蘭姆酒

½盎司黃金蘭姆酒

薄荷嫩葉

倒入雪克杯與碎冰一起充分搖盪。將酒液濾入一只可林杯，最後以薄荷嫩葉裝飾。

CHAMPAGNE COCKTAIL 香檳調酒

1顆方糖

些許安格仕苦精

香檳

將方糖放入一只長型香檳杯，並以安格仕拉苦精浸濕，倒入香檳。

CHAMPAGNE FLIP 香檳蛋蜜酒

1顆蛋黃

¼盎司糖漿

¼盎司鮮奶油

些許君度橙酒

¾盎司白蘭地

香檳

豆蔻

將前五項原料倒入雪克杯，與冰塊一起充分搖盪。將酒液濾入長型香檳杯，小心地以香檳滿上，最後撒上豆蔻。

其他香檳相關調酒，詳見：

CHAMPAGNE JULEP 香檳朱利普

薄荷葉與嫩枝

2顆方糖

些許糖漿

香檳

¼盎司干邑白蘭地

將薄荷葉及方糖放入一只高球杯壓榨,再倒入碎冰至⅔杯。小心地倒入香檳並攪拌,並於頂上漂浮干邑白蘭地,最後放上薄荷嫩葉與短枝。

CHAPALA 查帕拉

¾盎司檸檬汁

些許石榴汁

些許橙皮利口酒

1½盎司龍舌蘭酒

1½~2盎司柳橙汁

將前四項原料倒入雪克杯,與碎冰一起充分搖盪。將酒液濾入裝了冰塊的可林杯,以柳橙汁滿上。

Charles' Caribbean
查爾斯的加勒比（1980）

些許檸檬汁

1½盎司柳橙汁

1½盎司百香果汁

¾盎司椰子鮮奶油

1盎司白蘭姆酒

¾盎司深蘭姆酒

鳳梨切塊

去梗櫻桃

倒入雪克杯與碎冰充分搖盪。將酒液濾入一只裝了冰塊的可林杯，以碎冰柳橙汁滿上，最後放入鳳梨切塊與櫻桃。

Charles' Daiquiri
查爾斯的黛克瑞（1980）

¾盎司萊姆汁

¼~¾盎司糖漿

1吧匙糖粉

1½盎司白蘭姆酒

¼盎司深蘭姆酒

些許君度橙酒

倒入雪克杯與冰塊一起充分搖盪。將酒液濾入一只冰鎮過的馬丁尼杯。

CHERRY BLOSSOM KYOTO
京都櫻花盛開（2009）

去核櫻桃

¼盎司華冠利口酒

¾盎司櫻桃白蘭地

¾盎司伏特加

¾盎司清酒

將櫻桃放入雪克杯壓榨之後，倒入利口酒。倒進冰塊之後搖盪，最後將酒液濾入一只馬丁尼杯。

CHERRY FIZZ 櫻桃費茲

新鮮櫻桃

¾~1盎司檸檬汁

¾盎司櫻桃白蘭地

¾盎司白蘭地

蘇打水

倒入雪克杯與冰塊一起充分搖盪。將酒液濾入一只裝了冰塊的可林杯，最後以蘇打水滿上。

CHERRY FLIP 櫻桃蛋蜜酒

1顆蛋黃

1吧匙糖粉

¾盎司櫻桃白蘭地

¾盎司白蘭地

¾盎司鮮奶油

倒入雪克杯與冰塊充分搖盪。將酒液濾入一只馬丁尼杯。

CHI CHI 奇奇

1¼盎司鳳梨汁

¾盎司椰子鮮奶油

¾盎司鮮奶油

2盎司伏特加

鳳梨切塊

酸櫻桃

倒入雪克杯與碎冰一起充分搖盪。將酒液濾入一只裝滿碎冰的高球杯，最後放上鳳梨切塊與酸櫻桃。

CHOCO COLADA
巧克力可樂達（1982）

¾盎司鮮奶油

1½盎司牛奶

¼盎司椰子鮮奶油

¾盎司自製巧克力糖漿

¼盎司堤亞瑪麗亞咖啡利口酒

1盎司白蘭姆酒

¾盎司深蘭姆酒

苦巧克力

將前七項原料倒入雪克杯，與碎冰一起充分搖盪。將酒液濾入一只裝滿碎冰的大型高球杯。最後撒上碎巧克力。

CLARIDGE 克拉里奇

¾盎司不甜型香艾酒

些許杏桃白蘭地

些許橙皮利口酒

1盎司琴酒

檸檬皮

倒入調酒攪拌杯與冰塊一起攪拌。將酒液濾入一只冰鎮過的馬丁尼杯，在杯上扭轉檸檬皮，再放入杯中。

CLARITO MARIA
克拉里托瑪麗亞（2008）

1½盎司琴酒

¾盎司金巴利利口酒

¼盎司安堤卡頂級香艾酒

檸檬皮

倒入雪克杯與冰塊一起充分搖盪。將酒液濾入一只冰鎮過的高球杯，最後放上檸檬皮。

CLOVER CLUB 三葉草俱樂部

¼盎司糖漿

¾盎司檸檬汁

¼盎司覆盆子糖漿

1顆蛋白

1¾盎司琴酒

倒入雪克杯與冰塊一起充分搖盪。將酒液濾入一只冰鎮過的馬丁尼杯。

COCO CHOCO 椰子巧克力（1982）

3½盎司牛奶

¾盎司鮮奶油

¾盎司椰子鮮奶油

¾~1盎司巧克力糖漿

苦巧克力

將前四項原料倒入雪克杯，與冰塊一起充分搖盪。
將酒液濾入一只裝滿碎冰的大型高球杯，最後撒上
碎巧克力。

COCONUT BANANA 椰子香蕉（1982）

2盎司牛奶

¾盎司鮮奶油

¾盎司椰子鮮奶油

¾香蕉糖漿（或半根香蕉泥）

倒入雪克杯與冰塊一起充分搖盪。將酒液濾入一只裝滿碎
冰的大型高球杯。

COCONUT DREAM
椰子夢（1985/2009）

1½盎司鮮奶油

¼盎司椰子鮮奶油

¼盎司香蕉利口酒

¾盎司白可可利口酒

¾盎司伏特加

倒入雪克杯與冰塊一起充分搖盪。將酒液濾入馬丁尼杯。

COCONUT KISS 椰吻（1986）

1盎司甜型鮮奶油

¾盎司椰子鮮奶油

1½盎司櫻桃汁

1½盎司鳳梨汁

酸櫻桃

倒入雪克杯與冰塊一起充分搖盪。將酒液濾入一只裝滿碎冰的大型高球杯後，用櫻桃裝飾。

COCONUT LIPS 椰唇（1982）

2盎司鳳梨汁

1½盎司鮮奶油

¼~¾盎司椰子鮮奶油

¼盎司覆盆子糖漿

鳳梨切塊、酸櫻桃

倒入雪克杯與冰塊一起充分搖盪。將酒液濾入一只裝滿碎冰的大型高球杯，最後放上鳳梨切塊與酸櫻桃。

COLADAS 可樂達相關調酒，詳見：

COLIBRI 科樂比

2¾盎司柳橙汁

1盎司白蘭姆酒

¾盎司深蘭姆酒

些許安格仕苦精

倒入雪克杯與冰塊一起充分搖盪。將酒液濾入一只裝滿碎冰的大型高球杯。

COLLINSES 可林斯

參見Tom Collins 湯姆可林斯（第192頁）

COLONEL COLLINS 可林斯上校

¾盎司檸檬汁

¼~¾盎司糖漿

些許安格仕苦精

1½盎司波本威士忌

蘇打水

倒入一只可林杯與冰塊一起攪拌，再以蘇打水滿上。

COLUMBUS COCKTAIL 哥倫布

萊姆汁

¾盎司杏桃白蘭地

1½盎司黃金蘭姆酒

倒入雪克杯與冰塊一起充分搖盪。將酒液濾入一只冰鎮過的馬丁尼杯。

CONTINENTAL 歐陸

½顆萊姆

1吧匙糖粉

1½盎司白蘭姆酒

¼盎司綠薄荷利口酒

將萊姆汁擠入一只小型高球杯，接著倒入糖粉與蘭姆酒，以碎冰滿上，再注入綠薄荷利口酒，最後攪拌。

COOPERSTOWN 庫柏鎮

¾盎司不甜型香艾酒

¾盎司甜型香艾酒

¾盎司琴酒

倒入調酒攪拌杯與冰塊一起攪拌。將酒液濾入一只冰鎮過的馬丁尼杯。

COPACABANA 科帕卡巴納（1986）

¾盎司鮮奶油

1¼盎司木瓜汁

¾盎司鳳梨汁

¾盎司辣味巧克力糖漿

1½盎司卡夏莎

倒入雪克杯與冰塊一起充分搖盪。將酒液濾入一只裝滿碎冰的大型高球杯。

CORONATION 加冕

¾盎司多寶力利口酒

¾盎司不甜型香艾酒

¾盎司琴酒

倒入調酒攪拌杯與冰塊一起攪拌。將酒液濾入一只冰鎮過
的馬丁尼杯。

CORPSE REVIVER Nº1 亡者復甦一號*

¾盎司甜型香艾酒

¾盎司蘋果傑克（或蘋果白蘭地）

¾盎司白蘭地

倒入調酒攪拌杯與冰塊一起攪拌。將酒液濾入一只馬丁尼
杯，一旁附上一杯冰水。

*原創者：巴黎麗池酒吧，法蘭克·梅爾。

CORPSE REVIVER Nº2 亡者復甦二號*

¾盎司檸檬汁

¾盎司君度橙酒

¾盎司麗葉白利口酒（Lillet blanc）

¾盎司琴酒

倒入雪克杯與冰塊一起充分搖盪。將酒液濾入一只
馬丁尼杯。

*原創者：巴黎麗池酒吧，法蘭克·梅爾。

CORPSE REVIVER N°3 亡者復甦三號*

¾盎司白蘭地

¾盎司芙內布蘭卡草本苦精（Fernet Branca）

¾盎司白薄荷利口酒

倒入調酒攪拌杯與冰塊一起攪拌。將酒液濾入一只冰鎮過的馬丁尼杯，一旁附上一杯冰水。

COSMOPOLITAN 柯夢波丹

¼盎司橙皮利口酒

⅛顆萊姆汁

1½盎司蔓越莓汁

1¾盎司伏特加

倒入雪克杯與冰塊充分搖盪。將酒液濾入一只馬丁尼杯。

CRÈME DE MENTHE FRAPPÉ
芙萊蓓薄荷香甜酒

¾盎司胡椒薄荷糖漿

倒入一只裝了碎冰的小型高球杯，再以更多碎冰滿上，最後插入兩根短吸管，一旁附上一瓶冰水。

CREOLE 克里奧

些許檸檬汁

胡椒鹽

伍斯特醬

塔巴斯科辣椒醬

1¼盎司白蘭姆酒

3½盎司牛肉清湯

倒入可林杯與冰塊一起攪拌。

CUBA LIBRE 自由古巴

萊姆切塊

1¼~½盎司白蘭姆酒

可樂

在一只可林杯上現擠萊姆汁後，將萊姆切塊放入杯中。放入方形冰塊，再倒入白蘭姆酒，最後以可樂滿上並攪拌。

CUBAN HOT COFFEE
古巴熱咖啡（1986）

1盎司黃金蘭姆酒

¼盎司棕可可利口酒

1吧匙糖

1杯熱咖啡

將黃金蘭姆酒與棕可可利口酒裝入一只耐高溫玻璃杯加熱。放入糖，再以咖啡滿上並攪拌。

CUBAN ISLAND 古巴島（1984）

¾盎司檸檬汁

¼～¾盎司君度橙酒

¾盎司伏特加

¾盎司白蘭姆酒

倒入雪克杯與冰塊一起充分搖盪。將酒液濾入一只冰鎮過
的馬丁尼杯。

CUBAN SPECIAL 古巴特調

½顆萊姆榨汁

鳳梨切塊

紅糖

¼盎司橙皮利口酒

1½盎司白蘭姆酒

倒入雪克杯與冰塊一起充分搖盪。將酒液濾入一只
冰鎮過的馬丁尼杯。

CYNAR COCKTAIL 吉拿

1盎司白香艾酒

1盎司吉拿利口酒（Cynar）

柳橙切塊

倒入一只開胃酒杯與冰塊一起攪拌。在開胃酒杯上現擠柳
橙汁後，將萊姆切塊放入杯中。

Daiquiri Natural 自然黛克瑞*

¾盎司萊姆汁

¼~¾盎司糖漿

1¾盎司白蘭姆酒

倒入雪克杯與冰塊一起充分搖盪。將酒液濾入一只冰鎮過的馬丁尼杯。

* 原版源自1898年。

Daiquiris 黛克瑞相關調酒，詳見：

D

DEAUVILLE 多維爾（1981）

¾盎司檸檬汁

1吧匙糖粉

¼盎司橙皮利口酒

¾盎司蘋果白蘭地

¾盎司白蘭地

倒入雪克杯與冰塊一起充分搖盪。將酒液濾入一只冰鎮過
的馬丁尼杯。

DEEP SEA DIVER 深海潛水伕（1984）

1顆萊姆榨汁

¼盎司糖漿

1吧匙糖粉

¾盎司橙皮利口酒

¾盎司白蘭姆酒

2盎司深蘭姆酒

2盎司高酒精濃度深蘭姆酒

倒入雪克杯與碎冰一起充分搖盪。將酒液濾入一只裝滿碎
冰的大型高球杯，現擠萊姆汁後，將萊姆切塊放入杯中。

DEEP SOUTH 深南（1982）

¼盎司檸檬汁

¼盎司玫瑰牌萊姆汁

¼盎司深蘭姆酒

¼盎司金馥利口酒

香檳

將前四項原料倒入雪克杯，與冰塊一起充分搖盪。將酒液
濾入一只長型香檳杯，最後以香檳滿上。

DEL MAR 德爾馬（2005）

¾盎司檸檬汁

1盎司玫瑰牌萊姆汁

1½盎司伏特加

¼盎司酒

倒入雪克杯與冰塊一起充分搖盪。將酒液濾入一只古典杯。

DELMONICO 戴爾莫尼科*

½盎司甜型香艾酒

½盎司不甜型香艾酒

¾盎司干邑白蘭地

些許安格仕苦精

倒入調酒攪拌杯與冰塊一起攪拌。將酒液濾入一只冰鎮過的馬丁尼杯。

* 此配方亦可製作白蘭地曼哈頓（Brandy Manhattan）。

DERBY DAIQUIRI 德比黛克瑞

¼顆萊姆汁

¾盎司柳橙汁

1吧匙糖粉

1½盎司白蘭姆酒

倒入雪克杯與冰塊一起充分搖盪。將酒液濾入一只冰鎮過的馬丁尼杯。

DEVIL 魔鬼

¾盎司不甜型香艾酒

¼盎司茶色波特

些許檸檬汁

檸檬皮

倒入調酒攪拌杯與冰塊一起攪拌。將酒液濾入一只冰鎮過的馬丁尼杯，在杯上扭轉檸檬皮，再放入杯中。

DIPLOMAT 外交官

¾盎司不甜型香艾酒

¾盎司甜型香艾酒

些許瑪拉斯奇諾櫻桃利口酒

些許柳橙苦精

些許安堤卡頂級香艾酒

檸檬皮

去梗櫻桃

倒入調酒攪拌杯與冰塊一起攪拌。將酒液濾入一只冰鎮過的馬丁尼杯，在杯上扭轉檸檬皮，再放入杯中，最後以櫻桃裝飾。

DIRTY MARTINI 濁馬丁尼

些許不甜型香艾酒

1½盎司琴酒

些許鹽醃橄欖

綠橄欖

將香艾酒與琴酒倒入裝滿冰塊的調酒攪拌杯一起攪拌。將酒液濾入一只冰鎮過的馬丁尼杯，最後放上鹽醃橄欖與綠橄欖。

DIRTY MOTHER 壞媽媽

1盎司白蘭地

¾盎司卡魯哇咖啡酒（Kahlúa）

倒入一只小型高球杯與冰塊一起攪拌。

DIRTY WHITE MOTHER 白色壞媽媽

1盎司白蘭地

¾盎司卡魯哇咖啡酒

1盎司鮮奶油

將白蘭地與卡魯哇咖啡酒倒入一只小型高球杯與冰塊一起攪拌，最後加上鮮奶油。

DUBONNET CASSIS 黑醋栗多寶力

1¾盎司多寶力利口酒

¼盎司黑醋栗香甜酒

蘇打水

檸檬皮

將多寶力利口酒與黑醋栗香甜酒倒入一只開胃酒杯與冰塊一起攪拌。以蘇打水滿上，在杯上扭轉檸檬皮，再放入杯中。

DUBONNET COCKTAIL 多寶力

1盎司多寶力利口酒

¾盎司琴酒

些許柳橙苦精

檸檬皮

倒入調酒攪拌杯與冰塊一起攪拌。將酒液濾入一只冰鎮過的馬丁尼杯，在杯上扭轉檸檬皮，再放入杯中。

DUBONNET FIZZ 多寶力費茲

¾盎司檸檬汁

1吧匙糖粉

¼盎司金巴利利口酒

1½盎司柳橙汁

1¾盎司多寶力利口酒

蘇打水

去梗櫻桃

將前六項原料倒入雪克杯，與冰塊一起充分搖盪。將酒液濾入裝了冰塊的可林杯，以蘇打水滿上，最後放上櫻桃。

DUBONNET HIGHBALL 多寶力高球

1¾盎司多寶力利口酒

薑汁汽水

螺旋檸檬皮

將多寶力利口酒倒入一只裝了冰塊的可林杯。以薑汁汽水滿上，最後放入螺旋檸檬皮。

DUE CAMPARI 雙金巴利（1988）

¾盎司檸檬汁

¾盎司金巴利甜味利口酒（Cordial Campari）

¼盎司金巴利利口酒

香檳或普賽克氣泡酒

將檸檬汁與金巴利利口酒倒入雪克杯與冰塊一起充分搖盪。將酒液濾入一只長型香檳杯，最後以香檳或普賽克滿上。

DUKE OF MARLBOROUGH
馬爾堡公爵

1盎司不甜型雪莉酒

¾盎司甜型香艾酒

些許柳橙苦精

柳橙皮

倒入調酒攪拌杯與冰塊一起攪拌。將酒液濾入一只冰鎮過的馬丁尼杯，扭轉柳橙皮後放入杯中。

E. Hemingway Special 海明威特調

¾盎司萊姆汁

¾盎司紅肉葡萄柚汁

¼盎司瑪拉斯奇諾櫻桃利口酒

½吧匙糖粉

1¾盎司白蘭姆酒

倒入雪克杯與冰塊一起充分搖盪。將酒液濾入一只冰鎮過的馬丁尼杯。

East India 東印度*

1½盎司鳳梨汁

些許安格仕苦精

1½盎司白蘭地

倒入雪克杯與冰塊充分搖盪,再濾入裝了冰塊的小型高球杯。

*原創者:巴黎麗池酒吧,法蘭克·梅爾。

EAST INDIAN 東印度人

1盎司不甜型雪莉酒

¾盎司不甜型香艾酒

¼盎司白香艾酒

些許柳橙苦精

倒入調酒攪拌杯與冰塊一起攪拌。將酒液濾入一只冰鎮過的馬丁尼杯。

EAST VILLAGE 東村（2008）

⅛顆萊姆汁

1盎司蔓越莓汁

1吧匙蔓越莓糖漿

¾盎司琴酒

1½盎司清酒

倒入雪克杯與冰塊一起充分搖盪。將酒液濾入馬丁尼杯。

E

EASTWIND 東風

¾盎司甜型香艾酒

¾盎司不甜型香艾酒

¾盎司伏特加

柳橙切片

檸檬切片

倒入一只開胃酒杯與冰塊一起攪拌。最後放上柳橙與檸檬切片。

Eggnogs 蛋酒相關調酒，詳見：

E

El Diablo 迪亞布羅

1¾盎司龍舌蘭酒

¼～¾盎司黑醋栗香甜酒

薑汁汽水

¼顆萊姆

將龍舌蘭酒與黑醋栗香甜酒倒入一只可林杯，與冰塊一起攪拌。以薑汁汽水滿上，在杯上現擠萊姆汁後，將萊姆切塊放入杯中。

FALLEN ANGEL 墮落天使

些許檸檬汁
些許白薄荷利口酒
1½盎司琴酒
些許安格仕苦精

倒入雪克杯與冰塊一起充分搖盪。將酒液濾入一只冰鎮過的馬丁尼杯。

FALLEN LEAVES 落葉（1982）

¾盎司甜型香艾酒
¼盎司不甜香艾酒
¾盎司蘋果白蘭地
些許白蘭地
檸檬皮

倒入調酒攪拌杯與冰塊一起攪拌。將酒液濾入一只冰鎮過的馬丁尼杯，在杯上扭轉檸檬皮，再放入杯中。

F

FEUILLES MORTES 枯葉（2009）

紅薄荷
1顆紅方糖
1吧匙糖粉
¼盎司蘋果糖漿
¾盎司白干邑白蘭地
¾盎司蘋果白蘭地

將薄荷與紅方糖放入雪克杯壓榨。倒入冰塊與剩下的原料，並進行搖盪，將酒液濾入一只馬丁尼杯。

FIFTH AVENUE 第五大道

1½盎司鮮奶油

¾盎司白可可利口酒

¾盎司杏桃白蘭地

1茶匙打發鮮奶油

倒入雪克杯與冰塊一起充分搖盪。將酒液濾入馬丁尼杯。

FINO MARTINI 芬諾馬丁尼

些許芬諾雪莉

1½盎司琴酒

檸檬皮

倒入調酒攪拌杯與冰塊一起攪拌。將酒液濾入一只冰鎮過的馬丁尼杯，在杯上扭轉檸檬皮，再放入杯中。

FIORENTINA 佛羅倫斯

¾盎司金巴利利口酒

¾盎司伏特加

¾盎司甜型香艾酒

白酒

檸檬皮與柳橙皮

倒入一只高球杯與冰塊一起攪拌。以白酒滿上，最後放入柳橙皮與檸檬皮。

FIREMAN'S SOUR 消防員沙瓦

¾盎司萊姆汁

1吧匙糖粉

些許石榴汁

1½盎司白蘭姆酒

¼盎司深蘭姆酒

萊姆切塊

倒入雪克杯與冰塊一起充分搖盪。將酒液濾入一只裝滿碎冰的小型高球杯。在杯上現擠萊姆汁後，將萊姆切塊放入杯中。

FISH HOUSE PUNCH 1 魚缸潘趣一號

168盎司（約5.6公升）的水

2½杯（1磅又4盎司）的紅糖

4瓶*深蘭姆酒

1瓶又8盎司（990毫升）的白蘭地

8盎司金馥利口酒

10顆萊姆汁

萊姆皮

加熱水，倒入糖並攪拌，直到煮沸。加入利口酒，充分攪拌，小火慢煮。倒入萊姆汁與萊姆皮，持續攪拌。以一只耐高溫玻璃杯盛裝上桌（或是冷卻後裝瓶。若是密封瓶罐可延長存放時間）。若是製成冷飲，將酒液倒入一只裝了碎冰的大型高球杯，最後漂浮些許深蘭姆酒。

* 每瓶為750毫升。

FISH HOUSE PUNCH 2 魚缸潘趣二號*

67½盎司（2公升）水

101½盎司（3公升）紅茶

蜂蜜

糖漿

2瓶又16盎司（2,000 毫升）深蘭姆酒

16盎司（500 毫升）白蘭地

5顆萊姆榨汁

萊姆皮

製作方式同魚缸潘趣一號（第95頁）。視喜好增加甜度。

* 此為舒曼版本。

FIZZES 費茲相關調酒，詳見：

F

FLAMINGO 火鶴

¼顆萊姆汁

些許石榴汁

1盎司鳳梨汁

1½盎司白蘭姆酒

倒入雪克杯與碎冰一起搖盪。將酒液濾入一只馬丁尼杯。

FLIPS 蛋蜜酒相關調酒，詳見：

FLORIDA SLING 佛羅里達司令

¾盎司檸檬汁

1吧匙糖粉

1½盎司鳳梨汁

1½盎司琴酒

¼~¾盎司櫻桃白蘭地

去梗櫻桃

倒入雪克杯與冰塊一起充分搖盪。將酒液濾入一只以碎冰半滿的可林杯，最後用櫻桃裝飾。

FLORIDA SPECIAL
佛羅里達特調

¾盎司柳橙汁

¼盎司瑪拉斯奇諾櫻桃利口酒

¼盎司紅庫拉索（或橙皮利口酒）

1½盎司黃金蘭姆酒

倒入雪克杯與碎冰一起搖盪。將酒液濾入一只冰鎮過的馬丁尼杯。

FLYING 飛翔

¾盎司檸檬汁

1吧匙糖粉

¼盎司橙皮利口酒

¾盎司琴酒

香檳

將前四項原料倒入雪克杯，與冰塊一起充分搖盪。將酒液濾入一只長型香檳杯，最後以香檳滿上。

FLYING DUTCHMAN 飛行荷蘭人

1¼盎司琴酒（荷蘭琴酒）

些許橙皮利口酒

些許柳橙苦精

萊姆切塊

倒入一只小型高球杯與冰塊一起攪拌。在杯上現擠萊姆汁後，將萊姆切塊放入杯中。

FLYING KANGAROO 飛行袋鼠（1979）*

¼盎司甜型鮮奶油

¾盎司椰子鮮奶油

1½盎司鳳梨汁

¾盎司柳橙汁

¼盎司加利亞諾（Galliano）利口酒

1盎司伏特加

1盎司白蘭姆酒

鳳梨切塊

倒入雪克杯與冰塊一起充分搖盪。將酒液濾入一只裝滿碎冰的大型高球杯。最後放上鳳梨切塊。

* 此為舒曼為慕尼黑哈利酒吧（Harry's Bar）所製作的調酒。

FOGGY DAY 濛霧之日（1980）

1½盎司琴酒

¼盎司艾碧斯苦艾酒

檸檬皮

將琴酒與艾碧斯倒入一只開胃酒杯。以冰水滿上，最後放入檸檬皮。

FRANZISKA 法蘭西斯卡（1984）

2盎司牛奶

¾盎司鮮奶油

¾盎司百香果汁

¼盎司芒果糖漿

¾盎司蜂蜜糖漿

倒入雪克杯與冰塊一起充分搖盪。將酒液濾入一只裝了碎冰的高球杯。另外，也能在加熱後以耐高溫玻璃杯盛裝。

FRENCH 68 法式六八（1982）*

¼盎司檸檬汁

些許石榴汁

¾盎司蘋果白蘭地

¼盎司白蘭地

香檳

將前四項原料倒入雪克杯，與冰塊一起充分搖盪。將酒液濾入一只長型香檳杯，最後以香檳慢慢滿上。

* 又名「紅色丹尼」（Dany le rouge）。

FRENCH 75 法式七五*

¼盎司檸檬汁

些許石榴汁

¾盎司琴酒

香檳

將前三項原料倒入雪克杯，與冰塊一起充分搖盪。將酒液濾入一只長型香檳杯，最後以香檳滿上。

* 此為舒曼版本。

FRENCH 76 法式七六*

¼盎司檸檬汁

些許石榴汁

¾盎司伏特加

香檳

將前三項原料倒入雪克杯，與冰塊一起充分搖盪。將酒液濾入一只長型香檳杯，最後以香檳滿上。

* 此為舒曼版本。

FRIDAY 星期五（1986）

¼顆萊姆汁

¼顆芒果果肉

¾盎司芒果糖漿

1盎司白蘭姆酒

¾盎司深蘭姆酒

與碎冰一起以攪拌機攪拌。將酒液濾入一只裝滿碎冰的大型高球杯。在杯上現擠萊姆汁後，將萊姆切塊放入杯中。

FROZEN DAIQUIRI 冰霜黛克瑞

¾盎司萊姆汁

2吧匙糖粉

糖漿

1½盎司白蘭姆酒

與碎冰一起以攪拌機攪拌。將酒液濾入一只馬丁尼杯。

FROZEN FRUIT DAIQUIRI 霜果黛克瑞*

¼盎司萊姆汁

水果切塊（例如香蕉）

1吧匙糖粉

些許糖漿（有使用到的水果種類）

1½盎司白蘭姆酒

1¼盎司深蘭姆酒

與碎冰一起以攪拌機攪拌。將酒液濾入一只馬丁尼杯。

* 著名水果黛克瑞：

BANANA DAIQUIRI 香蕉黛克瑞
第40頁

PINEAPPLE DAIQUIRI 鳳梨黛克瑞
第159頁

STRAWBERRY DAIQUIRI 草莓黛克瑞
第186頁

FROZEN MARGARITA 冰霜瑪格麗特

¾盎司萊姆汁
1吧匙糖粉
¾盎司橙皮利口酒
1½盎司龍舌蘭酒
與碎冰一起以攪拌機攪拌，再濾入馬丁尼杯。

FROZEN MATADOR 冰霜鬥牛士
½顆萊姆汁
½顆鳳梨切片
1吧匙糖粉
¼盎司橙皮利口酒
1½盎司龍舌蘭酒
與碎冰一起以攪拌機攪拌。倒入一只小型高球杯。

GAUGUIN 高更 (1986)

½顆萊姆汁

¾盎司玫瑰牌萊姆汁

¼顆秘魯番荔枝（cherimoya）

1½盎司白蘭姆酒

與碎冰一起以攪拌機攪拌。倒入一只小型高球杯，最後擠入萊姆汁。

GENE TUNNEY 基恩湯尼*

¼盎司柳橙汁

些許檸檬汁

¾盎司不甜型香艾酒

1盎司琴酒

倒入雪克杯與冰塊一起充分搖盪。將酒液濾入一只冰鎮過的馬丁尼杯。

* 此調酒與1926~1928年世界拳擊重量級冠軍同名。

GEORGIA MINT JULEP
喬治亞薄荷朱利普

薄荷葉與嫩葉

2顆方糖

¼盎司桃子白蘭地

1½盎司波本威士忌

將薄荷葉及方糖放入一只大型高球杯，以攪拌杆壓榨。之後，用碎冰滿上，倒入利口酒充分攪拌，最後以薄荷嫩葉裝飾。

GIBSON 吉普森

些許不甜型香艾酒

1¾盎司琴酒

珍珠洋蔥

倒入調酒攪拌杯與冰塊一起攪拌。將酒液濾入一只冰鎮過的馬丁尼杯，最後放入珍珠洋蔥。

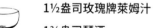

GIMLET 琴蕾*

1½盎司琴酒

1½盎司玫瑰牌萊姆汁

倒入調酒攪拌杯與冰塊一起攪拌。將酒液濾入一只冰鎮過的馬丁尼杯。

* 其他琴蕾：

SCHUMANN'S GIMLET
舒曼琴蕾（1983）

1½盎司玫瑰牌萊姆汁

1¾盎司琴酒

¾盎司檸檬汁

倒入雪克杯與冰塊一起充分搖盪。將酒液濾入馬丁尼杯。

RUM GIMLET 蘭姆琴蕾

SAKE GIMLET 清酒琴蕾

VODKA GIMLET 伏特加琴蕾

GIN & BITTERS 琴與苦*

些許安格仕苦精

1½~1¾盎司琴酒

將苦精倒入一只冰鎮過的雪莉杯，旋轉薄附於酒杯內壁。
倒入冰琴酒。

*亦可以粉紅琴酒（Pink Gin）製作。

GIN & IT 義式琴酒*

1½盎司琴酒

¾盎司甜型香艾酒

柳橙切塊

倒入一只開胃酒杯與冰塊一起攪拌。在杯上現擠柳橙汁
後，將萊姆切塊放入杯中。

*編注：這裡的「It」是甜香艾酒發源地 Italy 的縮寫。

GIN & SIN 琴與罪

¾盎司檸檬汁

1吧匙糖粉

些許石榴汁

1½盎司柳橙汁

1½盎司琴酒

倒入雪克杯與冰塊一起充分搖盪。將酒液濾
入一只馬丁尼杯。

GIN FIZZ 琴費茲*

1盎司檸檬汁

¼盎司糖漿

1吧匙糖粉

1½盎司琴酒

蘇打水

將前四項原料倒入雪克杯,與冰塊一起充分搖盪。將酒液
濾入一只裝了冰塊的可林杯,最後以蘇打水滿上。

* 琴酒費茲變形版本:

ROYAL GIN FIZZ 皇家琴費茲=以蛋與香檳取
代蘇打水。

RUBY FIZZ 紅寶費茲=使用1顆蛋白、蘇打水、一
半分量的琴酒與黑刺李琴酒(sloe gin)。

RUM FIZZ 蘭姆費茲=使用白蘭姆酒。

SILVER FIZZ 銀費茲=使用1顆蛋白。

GIN SOUR 琴沙瓦

¾~1盎司檸檬汁

1吧匙糖粉

¼盎司糖漿

1½盎司琴酒

去梗櫻桃

倒入雪克杯與冰塊一起充分搖盪。將酒液濾入一只沙瓦
杯,最後放上櫻桃。

GOD'S CHILD 上帝之子

1½盎司鮮奶油

1吧匙糖粉

¼盎司扁桃仁利口酒

1½盎司伏特加

倒入雪克杯與冰塊一起充分搖盪。將酒液濾入馬丁尼杯。

GODFATHER 教父*

1½盎司波本威士忌

¾盎司扁桃仁利口酒

倒入一只小型高球杯與冰塊一起攪拌。

* 變形版本：

GODCHILD 教子

＝使用干邑白蘭地。

GODMOTHER 教母

＝使用伏特加。

GOLDEN CADILLAC 黃金凱迪拉克

¾盎司鮮奶油

1½盎司柳橙汁

¾盎司白可可利口酒

¼盎司加利亞諾利口酒（Galliano）

倒入雪克杯與冰塊一起充分搖盪。將酒液濾入馬丁尼杯。

GOLDEN COLADA 黃金可樂達（1983）

¼盎司鮮奶油

¾盎司椰子鮮奶油

¾盎司鳳梨汁

1½盎司柳橙汁

¼盎司加利亞諾利口酒

¾盎司白蘭姆酒

1½盎司深蘭姆酒

鳳梨切塊

去梗櫻桃

倒入雪克杯與碎冰一起充分搖盪。將酒液濾入一只裝了碎冰的大型高球杯，最後用鳳梨切塊與櫻桃裝飾。

GOLDEN DREAM 金色夢幻

¾盎司鮮奶油

1½盎司柳橙汁

¾盎司橙皮利口酒

¼盎司加利亞諾利口酒

倒入雪克杯與碎冰一起充分搖盪。將酒液濾入一只馬丁尼杯。

GOLDEN FIZZ 黃金費茲

1盎司檸檬汁

1顆蛋白

1吧匙糖粉

¼盎司糖漿

¼盎司柳橙汁

1¾盎司琴酒

蘇打水

將前六項原料倒入雪克杯，與冰塊一起充分搖盪。將酒液濾入一只裝了冰塊的可林杯，最後小心地以蘇打水滿上。

GOLDEN NAIL 金釘

1½盎司波本威士忌

¾盎司金馥利口酒

些許柳橙苦精

倒入一只小型高球杯與冰塊一起攪拌。

GOLDIE 歌蒂 (1984)

¼盎司鮮奶油

1½盎司牛奶

¾盎司柳橙汁

1吧匙糖粉

1½盎司深蘭姆酒

¼盎司加利亞諾利口酒

柳橙皮

將前六項原料裝入耐高溫玻璃杯加熱，最後放上柳橙皮。

GOOD MORNING EGGNOG 早安蛋酒
（2009）

¾盎司咖啡利口酒

¼盎司巧克力利口酒

¼盎司華冠利口酒

1顆蛋白

1盎司鮮奶油

1½盎司牛奶

豆蔻

倒入雪克杯與冰塊一起充分搖盪。將酒液濾入一只裝了冰塊的大型馬丁尼杯，最後撒上豆蔻。

GRASSHOPPER 綠色蚱蜢*

¾盎司琴酒

1盎司打發鮮奶油

¾盎司白可可利口酒

¼盎司綠薄荷利口酒

倒入雪克杯與冰塊一起充分搖盪。將酒液濾入一只沙瓦杯。

* 此為舒曼版本。

GREEN DEVIL 綠魔鬼

¾盎司檸檬汁

¼盎司玫瑰牌萊姆汁

1½盎司琴酒

¼盎司綠薄荷利口酒

蘇打水

將前四項原料倒入雪克杯，與冰塊一起充分搖盪。將酒液濾入一只裝了冰塊的小型高球杯後，以蘇打水滿上。

GREEN LEAVES 綠葉（1979）

薄荷葉

¾盎司胡椒薄荷糖漿

通寧水

氣泡礦泉水

將薄荷葉放入一只大型高球杯，倒入胡椒薄荷糖漿，並以吧匙擠壓。加入一杓碎冰，以通寧水與礦泉水滿上，最後攪拌。

GREEN RUSSIAN 綠俄羅斯*

1½盎司伏特加

¾盎司綠薄荷利口酒

倒入一只小型高球杯與碎冰一起攪拌（也可以加進一點蘇打水）。

* 伏特加毒刺（Vodka Stinger）。

G

GREEN SPIDER 綠蜘蛛

1½盎司伏特加

¾盎司胡椒薄荷糖漿

通寧水

薄荷嫩葉

將伏特加與胡椒薄荷糖漿，倒入一只裝了冰塊的可林杯攪拌。以通寧水滿上，最後用薄荷嫩葉裝飾。

GREYHOUND 灰狗

1½盎司伏特加

葡萄柚汁

將伏特加倒入裝了冰塊的可林杯，再以葡萄柚汁滿上。

GROG 格羅格

¼盎司檸檬汁

¾盎司糖漿

1盎司深蘭姆酒

1½盎司熱水

倒入一只耐高溫玻璃杯加熱，最後以熱水滿上。

GYPSY 吉普賽*

½顆萊姆汁

1¾盎司琴酒

¼盎司綠蕁麻利口酒

¼盎司接骨木花利口酒

些許艾碧斯

倒入雪克杯與冰塊一起充分搖盪。將酒液濾入馬丁尼杯。

＊此為舒曼版本。

112

HABANA LIBRE 自由哈瓦那

萊姆切塊

些許石榴汁

1½盎司白蘭姆酒

¾盎司特陳白蘭姆酒

在一只可林杯上現擠萊姆汁後,將萊姆切塊放入杯中。倒入石榴汁與蘭姆酒後以碎冰滿上,再充分攪拌。

HAPPY NEW YEAR

新年快樂(1981/2008)

¼盎司白蘭地

¾盎司紅寶石波特酒

香檳

將前兩項原料倒入雪克杯,與冰塊一起充分搖盪。將酒液濾入一只長型香檳杯,最後以香檳滿上。

HARVARD 哈佛*

¾盎司甜型香艾酒

¾盎司干邑白蘭地

些許安格仕苦精

倒入調酒攪拌杯與冰塊一起攪拌。將酒液濾入一只冰鎮過的馬丁尼杯。

* 類似白蘭地曼哈頓(Brandy Manhattan)。

HARVEY WALLBANGER 哈維撞牆

1½盎司伏特加

3½盎司柳橙汁

¼盎司加利亞諾利口酒

將伏特加與柳橙汁倒入一只裝了冰塊的可林杯攪拌。加入加利亞諾利口酒並輕柔地攪拌。

HAVANA SIDECAR 哈瓦那側車

¾盎司檸檬汁

¼盎司橙皮利口酒

1½盎司黃金蘭姆酒

倒入雪克杯與冰塊一起充分搖盪。將酒液濾入一只冰鎮過的馬丁尼杯。

HAVANA SPECIAL 哈瓦那特調

2盎司鳳梨汁

¼盎司瑪拉斯奇諾櫻桃利口酒

1½盎司白蘭姆酒

些許柳橙苦精

倒入雪克杯與碎冰一起搖盪。將酒液濾入一只裝滿碎冰的大型高球杯。

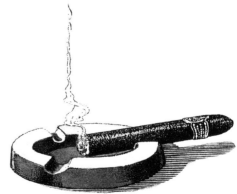

HIGHBALLS 高球相關調酒，詳見：

HONOLULU JUICER 火奴魯魯果汁

¾盎司檸檬汁

¾盎司玫瑰牌萊姆汁

1吧匙糖粉

2盎司鳳梨汁

1½盎司金馥利口酒

¾盎司深蘭姆酒

鳳梨切塊

倒入雪克杯與冰塊一起充分搖盪。將酒液濾入一只裝滿碎冰的大型高球杯，最後放上鳳梨切塊。

HORSE'S NECK 馬頸

1¾盎司波本威士忌

些許安格仕苦精

薑汁汽水

螺旋檸檬皮

將波本威士忌倒入一只裝了冰塊的可林杯。注入安格仕苦精，接著以薑汁汽水滿上，最後放上螺旋檸檬皮。

HOT BUTTERED RUM 熱奶油蘭姆酒

1顆方糖

1¼盎司深蘭姆酒

奶油

將方糖放入一只耐高溫玻璃杯，並以攪拌杵壓碎。倒入蘭姆酒、加熱，再以沸水滿上，最後放上冰凍的奶油。

HOT CHINA MARTINI
熱吉那馬丁尼（1999）

¾盎司檸檬汁

¾盎司柳橙汁

1½盎司吉那（China）馬丁尼

倒入一只耐高溫玻璃杯加熱，最後以熱水滿上。

HOT FRENCHMAN 熱法國佬（1982）

4盎司紅酒

¾盎司柑曼怡（Grand Marnier）香橙利口酒

1吧匙糖粉

¼盎司柳橙汁

¼盎司檸檬汁

檸檬皮與柳橙皮

將前五項原料裝入一只耐高溫玻璃杯加熱。攪拌之後，在
杯上扭轉柳橙皮與檸檬皮，再放入杯中。

HOT JAMAICAN 熱牙買加人

½顆萊姆汁

¼~¾盎司糖漿

1½盎司深蘭姆酒

萊姆切片

丁香與肉桂棒

將前三項原料裝入一只耐高溫玻璃杯加熱，
並以沸水滿上，再放上以丁香與肉桂棒刺穿
的萊姆切片。

HOT MARIE 熱瑪麗

¾盎司白蘭地

¾盎司深蘭姆酒

¼盎司堤亞瑪麗亞咖啡利口酒

1杯熱咖啡

將前三項原料裝入一只耐高溫玻璃杯加熱，
並以熱咖啡滿上（視喜好加糖）。

HOT M.M.M. 熱 M.M.M. （1983）

1½盎司鮮奶油

1½盎司牛奶

¾盎司堤亞瑪麗亞咖啡利口酒

1盎司深蘭姆酒

檸檬皮與柳橙皮

將前四項原料裝入一只耐高溫玻璃杯加熱。在杯上扭轉柳橙皮與檸檬皮，再放入杯中。

HOT TODDY 熱托迪

¾盎司檸檬汁

些許柳橙汁

¼~¾盎司糖漿（或蜂蜜）

1½盎司威士忌、蘭姆酒或琴酒

柳橙切片

丁香

將前四項原料裝入一只耐高溫玻璃杯加熱。放上柳橙切片，並撒上丁香（也能以些許熱水滿上）。

HURRICANE 颶風

½顆萊姆汁

¾盎司玫瑰牌萊姆汁

¼盎司百香果汁

¾盎司鳳梨汁

¾盎司柳橙汁

¾盎司白蘭姆酒

1½盎司深蘭姆酒

萊姆切塊

倒入雪克杯與碎冰一起搖盪。將酒液濾入一只裝了碎冰的大型高球杯，並放上萊姆切塊。

I. B. U.

¾盎司干邑白蘭地

¾盎司柳橙汁

¼盎司杏桃白蘭地

香檳

倒入雪克杯與冰塊一起充分搖盪。將酒液濾入一只長型香
檳杯,最後以香檳滿上。

ICED TEA 冰茶 (1990) *

½顆萊姆汁

¾盎司柳橙汁

¾盎司橙皮利口酒

¾盎司白蘭地

¾盎司深蘭姆酒

¾~1½盎司可樂

1杯冰茶

倒入一只大型高球杯與碎冰一起攪拌,再擠入萊姆汁。

*此為舒曼版本。

ICHIGO ICHIE 一期一會 (2008)

¾盎司琴酒

1盎司清酒

1½盎司安堤卡頂級香艾酒

檸檬皮與柳橙皮

倒入一只大型高球杯與冰塊一起攪拌,再放上檸檬皮與柳
橙皮。

IMPERIAL TOKYO 東京帝國（2009）

¾盎司不甜型香艾酒

¾盎司琴酒

¼盎司清酒

些許瑪拉斯奇諾櫻桃利口酒

檸檬皮

倒入調酒攪拌杯與冰塊一起攪拌。將酒液濾入一只冰鎮過的馬丁尼杯，最後放入檸檬皮。

INCOME TAX COCKTAIL 所得稅

¾盎司柳橙汁

¾盎司不甜型香艾酒

¾盎司甜型香艾酒

¾盎司琴酒

些許安格仕苦精

I

倒入雪克杯與冰塊一起充分搖盪。將酒液濾入一只冰鎮過的馬丁尼杯。

IRISH COFFEE 愛爾蘭咖啡

1½盎司愛爾蘭威士忌

紅糖

1杯濃烈熱咖啡

稍稍打發的鮮奶油

以一只愛爾蘭咖啡杯加熱威士忌（勿煮沸）。加入糖，再以咖啡滿上並攪拌，最後放上鮮奶油。

ITALIAN COFFEE 義大利咖啡

1盎司白蘭地

¼盎司扁桃仁利口酒

紅糖

1杯義式濃縮熱咖啡

鮮奶油

以一只杯加熱白蘭地與扁桃仁利口酒（勿煮沸）。加入糖，再以熱義式濃縮咖啡滿上並攪拌，最後放上鮮奶油（可以用加利亞諾利口酒代替扁桃仁利口酒）。

I

JACK ROSE N°1 傑克蘿絲一號

¾盎司檸檬汁

1吧匙糖粉

些許石榴汁

1½盎司蘋果白蘭地

倒入雪克杯與冰塊一起充分搖盪。將酒液濾入一只冰鎮過的馬丁尼杯。

JACK ROSE N°2 傑克蘿絲二號（2008）

¾盎司檸檬汁

些許糖漿

¾盎司蘋果白蘭地

½盎司干邑白蘭地

些許華冠利口酒

倒入雪克杯與冰塊一起充分搖盪。將酒液濾入一只冰鎮過的馬丁尼杯。

J

JADE 翠玉

¾盎司萊姆汁

1吧匙糖粉

些許橙皮利口酒

些許綠薄荷利口酒

1½盎司白蘭姆酒

倒入雪克杯與冰塊一起充分搖盪。將酒液濾入一只冰鎮過的馬丁尼杯。

JAMAICA FEVER 牙買加狂熱（1982）

¾盎司檸檬汁

¾盎司芒果糖漿

1½盎司鳳梨汁

1½盎司深蘭姆酒

¾盎司白蘭地

鳳梨切塊

去梗櫻桃

倒入雪克杯與碎冰一起充分搖盪。倒入一只裝了碎冰的大型高球杯，最後放上鳳梨切塊與櫻桃。

JAMES BOND 詹姆斯・龐德

1顆方糖

些許安格仕苦精

¾~1盎司伏特加

香檳

將方糖放入一只長型香檳杯，並以安格仕苦精浸潤。倒入伏特加，最後以香檳滿上。

JEAN GABIN 尚・加賓（1986）

1½盎司深蘭姆酒

¾盎司蘋果白蘭地

1湯匙楓糖漿

熱牛奶

豆蔻

將前三項原料裝入一只耐高溫玻璃杯加熱。以熱牛奶滿上，再撒上用豆蔻。

JOGGING FLIP 慢跑蛋蜜酒（1978）*

各種果汁（例如檸檬、柳橙與葡萄柚）

1顆蛋黃

些許石榴汁

倒入雪克杯與碎冰一起充分搖盪。將酒液濾入一只裝滿碎冰的大型高球杯。

* 又名「森林慢跑」（Waldlauf）。

JOURNALIST 記者

¼盎司不甜香艾酒

¼盎司甜型香艾酒

1盎司琴酒

些許檸檬汁

些許橙皮利口酒

些許安格仕苦精

倒入調酒攪拌杯與冰塊一起攪拌。將酒液濾入一只冰鎮過的馬丁尼杯。

JULEPS 朱利普相關調酒，請見：

KAMIKAZE 神風特攻隊*

¼盎司檸檬汁

¾盎司玫瑰牌萊姆汁

些許橙皮利口酒

1¾盎司伏特加

倒入雪克杯與冰塊一起充分搖盪。將酒液濾入一只冰鎮過的馬丁尼杯。

* 此為舒曼的伏特加琴蕾（Schumann's Vodka Gimlet）。

KIR 基爾

1吧匙黑醋栗香甜酒

不甜型白酒

以吧匙將黑醋栗香甜酒舀入葡萄酒杯，再以白酒滿上。

KIR ROYAL 皇家基爾

1吧匙黑醋栗香甜酒

香檳

以吧匙將黑醋栗香甜酒舀入一只長型香檳杯，再以香檳滿上。

KNICKERBOCKER'S COCKTAIL
尼克博克酒店調酒

¾盎司不甜型香艾酒

些許紅香艾酒

1盎司琴酒

檸檬皮

倒入調酒攪拌杯與冰塊一起攪拌。將酒液濾入一只冰鎮過的馬丁尼杯，在杯上扭轉檸檬皮後，將檸檬皮放入杯中。

KNOCKOUT COCKTAIL 擊倒

¾盎司不甜型香艾酒

¾盎司琴酒

些許艾碧斯

些許白薄荷利口酒

倒入調酒攪拌杯與冰塊一起攪拌。將酒液濾入一只冰鎮過的馬丁尼杯。

K

KORN SLING 柯恩司令

1盎司檸檬汁

¼盎司糖漿

1½盎司柯恩酒（Korn）

¼盎司希琳櫻桃利口酒

蘇打水

調酒用新鮮櫻桃

倒入雪克杯與冰塊一起充分搖盪。將酒液濾入一只裝了冰塊的可林杯，以蘇打水滿上，最後放上櫻桃。

KORN SOUR 柯恩沙瓦

¾盎司檸檬汁

¼~¾盎司糖漿（或1吧匙糖）

1½盎司柯恩酒

去梗櫻桃

倒入雪克杯與冰塊一起充分搖盪。將酒液濾入一只沙瓦杯，最後以櫻桃裝飾。

KYOTO FIZZ 京都費茲（2008）

½盎司萊姆汁

¼盎司檸檬汁

些許糖漿

2吧匙糖粉

1½盎司清酒

1顆蛋白

些許橙花水

蘇打水

倒入雪克杯與冰塊一起充分搖盪。將酒液濾入一只裝了冰塊的可林杯，最後以蘇打水滿上。

La Floridita Cocktail 佛羅里達

½顆萊姆汁

些許石榴汁

些許白可可利口酒

¾盎司甜型香艾酒

1½盎司白蘭姆酒

倒入雪克杯與冰塊一起充分搖盪。將酒液濾入一只冰鎮過的馬丁尼杯。

La Floridita Daiquiri
佛羅里達酒吧的黛克瑞*

½顆萊姆汁

1吧匙糖粉

¼盎司糖漿

¼盎司瑪拉斯奇諾櫻桃利口酒

1½盎司白蘭姆酒

倒入雪克杯與碎冰一起充分搖盪。將酒液濾入一只冰鎮過的馬丁尼杯。

＊康斯坦丁‧瑞巴拉夸（Constantino Ribalaigua）。

Ladies Sidecar 眾佳人側車（1984）

¼盎司檸檬汁

¼盎司橙皮利口酒

1盎司柳橙汁

1盎司白蘭地

倒入雪克杯與冰塊一起充分搖盪。將酒液濾入一只冰鎮過的馬丁尼杯。

LATE MISTRAL 晚密斯托拉風（1980）

1½盎司伏特加

¼盎司力加（Ricard）茴香酒

檸檬皮

倒入一只裝滿冰塊的開胃酒杯。以冰水滿上，攪拌後放入檸檬皮。

LATIN LOVER 拉丁情人（1984）

¼~¾盎司檸檬汁

¾盎司玫瑰牌萊姆汁

1½~2盎司鳳梨汁

¾盎司卡夏莎

¾盎司龍舌蘭酒

鳳梨切塊

倒入雪克杯與碎冰一起充分搖盪。將酒液濾入一只裝了碎冰的大型高球杯，最後放上鳳梨切塊。

LEAP YEAR 閏年*

¾盎司甜型香艾酒

¾盎司柑曼怡香橙利口酒

1盎司琴酒

些許檸檬汁

倒入雪克杯與冰塊一起充分搖盪。將酒液濾入一只冰鎮過的馬丁尼杯。

* 原創者：英國倫敦薩威酒店（Savoy Hotel），哈利・克拉多克（Harry Craddock），1928年2月29日。

LEAVE IT TO ME 交給我

¼盎司檸檬汁

¼盎司瑪拉斯奇諾櫻桃利口酒

1盎司柳橙汁

1盎司琴酒

倒入雪克杯與冰塊一起充分搖盪。將酒液濾入馬丁尼杯。

LEMON SQUASH 檸檬泥

¼顆檸檬或萊姆

2~3吧匙糖

將檸檬或萊姆剝皮之後，放入一只大型高球杯。加入糖，用攪拌杵壓榨，再以水滿上，最後再次攪拌。

LEMONADE 檸檬水

1½~2盎司檸檬汁

糖漿（或糖）

蘇打水

將檸檬汁與糖倒入一只大型高球杯，充分攪拌。加入冰塊，再以蘇打水滿上，最後再度攪拌。

L

LITTLE ITALY 小義大利*

1～1½盎司裸麥威士忌

¾盎司甜型香艾酒

1盎司吉拿利口酒

倒入雪克杯與冰塊一起充分搖盪。將酒液濾入馬丁尼杯。

* 原創始地：美國紐約勃固俱樂部（Pegu Club）。

LOFTUS SPECIAL 洛夫特斯特調（1986）

1½顆萊姆汁

些許石榴汁

¼盎司糖漿

¾盎司希琳櫻桃利口酒

¾盎司杏桃白蘭地

¾盎司白蘭姆酒

1½盎司深蘭姆酒

1½盎司高酒精濃度深蘭姆酒

L

倒入雪克杯與碎冰一起充分搖盪。將酒液濾入一只裝了碎冰的大型高球杯，並現擠萊姆汁。

LONDON LEAVES 倫敦落葉（2006）

¼~¾盎司糖漿

¾盎司現擠新鮮萊姆汁

1片薄荷嫩葉

2片小黃瓜切片

2盎司琴酒

1盎司蘋果汁

蘇打水

將糖漿與萊姆汁倒入一只高球杯，充分攪拌。加入薄荷葉與小黃瓜片壓榨，接著倒入現擠的萊姆汁。以碎冰滿上，再倒入琴酒與蘋果汁，然後攪拌。倒入些許蘇打水，最後以薄荷嫩葉裝飾。

LONE TREE 獨木

¾盎司不甜型香艾酒

¼盎司甜型香艾酒

些許柳橙苦精

¾盎司琴酒

倒入調酒攪拌杯與冰塊一起攪拌。將酒液濾入一只冰鎮過的馬丁尼杯。

LONG DISTANCE RUNNER
長跑者（1986）

鳳梨切片

½顆萊姆汁

2盎司鳳梨汁

¼盎司百香果糖漿

與碎冰一起以攪拌機攪拌。將酒液濾入一只裝滿碎冰的大型高球杯。

LONG ISLAND ICED TEA 長島冰茶

½顆萊姆

¾盎司柳橙汁

¼盎司橙皮利口酒

¾盎司白蘭姆酒

¾盎司琴酒

¾盎司伏特加

可樂

將萊姆擠入一只可林杯。放入方形冰塊，倒入接下來的五項原料後充分攪拌，再以可樂滿上。

MACARONI 通心麵

¾盎司白香艾酒

些許保樂艾碧斯苦艾酒

倒入開胃酒杯與冰塊一起攪拌。以水滿上,然後攪拌。

MAI TAI 邁泰

萊姆汁

1½盎司玫瑰牌萊姆汁

些許扁桃仁糖漿*

¼盎司杏桃白蘭地

1吧匙糖粉

2盎司深蘭姆酒

¾盎司高酒精濃度深蘭姆酒

薄荷嫩葉

倒入雪克杯與碎冰一起充分搖盪。倒入一只裝了碎冰的大型高球杯。擠入萊姆汁,並以薄荷嫩葉裝飾。

* 編注:原酒譜使用的是Orgeat syrup,由杏仁 、水、糖和玫瑰或橙花水調製而成。

MALCOLM LOWRY 麥爾坎勞瑞（1984）

¾盎司檸檬汁

¼~¾盎司橙皮利口酒

¼盎司白蘭姆酒

1盎司龍舌蘭酒

倒入雪克杯與冰塊一起充分搖盪。將酒液濾入一只冰鎮過的馬丁尼杯（馬丁尼杯緣可以抹上一圈鹽）。

MANHATTAN DRY 不甜曼哈頓

1½盎司加拿大威士忌

¾盎司不甜型香艾酒

些許安格仕苦精

檸檬皮

倒入調酒攪拌杯與冰塊一起攪拌。將酒液濾入一只冰鎮過的馬丁尼杯，最後放上檸檬皮。

MANHATTAN PERFECT 完美曼哈頓*

1½盎司加拿大威士忌

¼盎司不甜香艾酒

¼盎司甜型香艾酒

些許安格仕苦精

去梗櫻桃

倒入調酒攪拌杯與冰塊一起攪拌。將酒液濾入一只冰鎮過的馬丁尼杯，最後以櫻桃裝飾。

* 古巴曼哈頓（Cuban Manhattan）則是以白蘭姆酒取代威士忌。

MANHATTAN SWEET 甜曼哈頓*

1½盎司加拿大威士忌

¾盎司甜型香艾酒

些許安格仕苦精

去梗櫻桃

倒入調酒攪拌杯與冰塊一起攪拌。將酒液濾入一只冰鎮過的馬丁尼杯，最後以櫻桃裝飾。

* 如果以干邑白蘭地取代威士忌，就會是名為哈佛的調酒（第113頁）。

MARADONA 馬拉度納（1986）

1½盎司牛奶

3½盎司百香果汁

¾盎司百香果糖漿

倒入雪克杯與冰塊一起充分搖盪。將酒液濾入一只裝了碎冰的大型高球杯。

MARGARITA 瑪格麗特*

¾盎司萊姆汁

¾盎司君度橙酒（或橙皮利口酒）

1½盎司龍舌蘭酒

倒入雪克杯與冰塊一起充分搖盪。將酒液濾入一只冰鎮過且抹上一圈鹽的馬丁尼杯。

*ROYAL MARGARITA 皇家瑪格麗特

＝使用藍龍舌蘭酒（blue agave tequila）。

MARTINEZ COCKTAIL 馬丁尼茲

¾盎司安堤卡頂級香艾酒

些許安格仕苦精

些許瑪拉斯奇諾櫻桃利口酒

1½盎司琴酒

檸檬皮

倒入調酒攪拌杯與冰塊一起攪拌。將酒液濾入一只冰鎮過的馬丁尼杯，在杯上扭轉檸檬皮，再放入杯中。

MARTINI COCKTAIL 馬丁尼

些許娜利普萊香艾酒

1½盎司琴酒

1顆帶核綠橄欖

倒入調酒攪拌杯與冰塊一起攪拌。將酒液濾入一只冰鎮過的馬丁尼杯，最後放入橄欖。

MARTINIS 馬丁尼相關調酒，詳見：

MARTIN'S RUM ORANGE PUNCH
馬丁的蘭姆柳橙潘趣（1982）

¾盎司檸檬汁

¾盎司玫瑰牌萊姆汁

1吧匙糖粉

些許糖漿

1½盎司柳橙汁

¼盎司金馥利口酒

1½盎司深蘭姆酒

¼盎司高酒精濃度深蘭姆酒

檸檬皮與柳橙皮

倒入一只耐高溫玻璃杯並加熱。在杯上扭轉柳橙皮與檸檬皮，再放入杯中。

MARY PICKFORD 瑪麗碧克馥*

1½盎司鳳梨汁

些許石榴汁

1¾盎司白蘭姆酒

萊姆皮

倒入雪克杯與冰塊一起充分搖盪。將酒液濾入一只冰鎮過的馬丁尼杯，於杯上扭轉萊姆皮，再放入杯中。

* 原版源自古巴哈瓦那塞維亞酒店（Hotel Sevilla）。

MAURICE CHEVALIER 墨利斯雪佛萊

¾盎司甜型香艾酒

¾盎司娜利普萊香艾酒

些許柳橙苦精

¾盎司柳橙汁

¾盎司琴酒

倒入雪克杯與冰塊一起充分搖盪。將酒液濾入一只冰鎮過的馬丁尼杯。

MERRY WIDOW 1 風流寡婦一號

¾盎司不甜型香艾酒

些許廊酒

些許柳橙苦精

些許茴香酒

1½盎司琴酒

檸檬皮

倒入調酒攪拌杯與冰塊一起攪拌。將酒液濾入一只冰鎮過的馬丁尼杯，在杯上扭轉檸檬皮，再放入杯中。

MERRY WIDOW 2 風流寡婦二號

¾盎司不甜型香艾酒

¾盎司多寶力利口酒

1½盎司伏特加

些許柳橙苦精

檸檬皮

倒入調酒攪拌杯與冰塊一起攪拌。將酒液濾入一只冰鎮過的馬丁尼杯，在杯上扭轉檸檬皮，再放入杯中。

MEXICAN COFFEE 墨西哥咖啡（1982）

1½盎司黃金龍舌蘭酒

¼盎司卡魯哇咖啡酒

1吧匙紅糖

1杯濃烈熱咖啡

稍稍打發的鮮奶油

以一只耐高溫玻璃杯加熱卡魯哇咖啡酒與龍舌蘭酒（勿煮沸）。加入糖，等待溶解，再以咖啡滿上、充分攪拌，最後放上鮮奶油。

MEXICANA 墨西哥

¼盎司檸檬汁

些許石榴汁

1½盎司鳳梨汁

1¾盎司龍舌蘭酒

倒入雪克杯與碎冰一起充分搖盪。將酒液濾入一只裝了半滿碎冰的高球杯。

MILLIONAIRE 百萬富翁

¾盎司檸檬汁

1顆蛋白

¼盎司橙皮利口酒

些許石榴汁

1¾盎司波本威士忌

倒入雪克杯與冰塊一起充分搖盪。將酒液濾入一只沙瓦杯。

MINT DAIQUIRI 薄荷黛克瑞

幾片薄荷葉

½顆萊姆汁

1吧匙糖粉

¼盎司君度橙酒

1¾盎司白蘭姆酒

M

與碎冰一起以攪拌機攪拌。將酒液濾入一只馬丁尼杯。

MINT JULEP 薄荷朱利普*

薄荷葉與嫩葉

2顆方糖

些許糖漿

2盎司波本威士忌

將薄荷葉及方糖放入一只大型高球杯，並用攪拌杵壓榨。以碎冰滿上，倒入波本威士忌、充分攪拌，最後以薄荷嫩葉裝飾。

＊以下為使用其他基酒製作的知名薄荷朱利普：

BRANDY JULEP 白蘭地朱利普

＝使用白蘭地。

CHAMPAGNE JULEP 香檳朱利普

＝使用香檳。

GEORGIA MINT JULEP
喬治亞薄荷朱利普

＝使用白蘭地與桃子白蘭地。

RUM JULEP 蘭姆朱利普

＝使用深與白蘭姆酒。

MOJITO 莫希多

½顆萊姆汁

2吧匙糖粉（或¼~¾盎司糖漿）

10片薄荷嫩葉

2盎司白蘭姆酒

蘇打水

將萊姆汁與糖倒入一只大型高球杯充分攪拌。加入薄荷葉
以攪拌杵壓榨後，倒入現擠的萊姆汁。接著，以碎冰滿
上，再倒入蘭姆酒攪拌。最後倒入蘇打水，以薄荷嫩葉裝
飾。

MONKEY GLAND 猴上腺素

1盎司柳橙汁

些許石榴汁

些許保樂艾碧斯苦艾酒

1¾盎司琴酒

倒入雪克杯與冰塊一起充分搖盪。將酒液濾入一只冰鎮過的馬丁尼杯。

MONTE CARLO IMPERIAL 蒙特卡羅帝國

¼~¾盎司檸檬汁

¾盎司白薄荷利口酒

1盎司琴酒

香檳

將前三項原料倒入雪克杯，與冰塊一起充分搖盪。將酒液濾入一只長型香檳杯，最後以香檳滿上。

MORNING GLORY FIZZ 晨光費茲

¾~1盎司檸檬汁

¼~¾盎司糖漿

1顆蛋白

1吧匙糖粉

些許保樂艾碧斯

1¾盎司蘇格蘭威士忌

蘇打水

將前六項原料倒入雪克杯，與冰塊一起充分搖盪。將酒液濾入一只裝了冰塊的可林杯，最後以蘇打水滿上。

MOSCOW MULE 莫斯科騾子

1¾盎司伏特加

薑汁啤酒（或薑汁汽水）

螺旋檸檬皮

將伏特加倒入一只裝了冰塊的可林杯。以薑汁啤酒滿上，攪拌，最後放入螺旋檸檬皮。

MUDDY RIVER 泥河*

1½盎司卡魯哇咖啡酒

1½盎司鮮奶油

倒入一只小型高球杯與冰塊一起攪拌。

* 又名「卡魯哇咖啡酒鮮奶油」（Kahlúa Cream）。

MULATA 混血姑娘

½顆萊姆汁

¼盎司棕可可利口酒

¼盎司糖漿

1¾盎司白蘭姆酒

與碎冰一起以攪拌機攪拌。將酒液濾入一只馬丁尼杯。

NAT KING COLE 納京高（2010）

1½盎司裸麥威士忌

¾盎司甜型香艾酒

些許柳橙苦精

蘇打水

將前三項原料倒入裝了冰塊的古典杯，再以蘇打水滿上。

NEGRONI 內格羅尼

¾盎司甜型香艾酒

¾盎司金巴利利口酒

¼~¾盎司琴酒

檸檬皮

倒入一只開胃酒杯與冰塊一起攪拌。在杯上扭轉檸檬皮，再放入杯中。

NEW ORLEANS FIZZ 紐奧良費茲*

1盎司檸檬汁

1顆蛋白

1吧匙糖粉

¼~¾盎司糖漿

些許橙花水

¼盎司鮮奶油

1¾盎司琴酒

蘇打水

將前七項原料倒入雪克杯，與冰塊一起充分搖盪。將酒液濾入一只裝了冰塊的可林杯，最後以蘇打水滿上。

* 又名「拉莫斯費茲」（Ramos Fizz）。

NEW YORKER 紐約客

1¾盎司波本威士忌

萊姆切塊

些許石榴汁

將波本威士忌倒入一只裝了冰塊的古典杯。在杯上現擠萊姆汁後，將萊姆切塊放入杯中，再加入石榴汁，最後充分攪拌。

OHIO 俄亥俄

¾盎司甜型香艾酒

¾盎司加拿大威士忌

些許橙皮利口酒

些許安格仕苦精

香檳

將前四項原料倒入裝滿冰塊的調酒攪拌杯攪拌。將酒液濾入一只長型香檳杯，最後以香檳滿上。

OKINAWA 沖繩（2009）

¾盎司綠茶伏特加

1½盎司清酒

⅛顆萊姆

小黃瓜切片

檸檬萊姆汽水（七喜）

將前四項原料倒入一只古典杯與冰塊一起攪拌，再以七喜汽水滿上。

OLD FASHIONED 古典雞尾酒

1顆方糖

些許安格仕苦精

柳橙切塊

檸檬切塊

1¾盎司波本威士忌

蘇打水

去梗櫻桃

將方糖放入一只古典杯，以安格仕拉苦精浸濕，放入柳橙與檸檬切塊，然後以攪拌杵壓榨。倒入波本威士忌充分攪拌、加入冰塊，以蘇打水或水滿上並再度攪拌，最後以櫻桃裝飾。

OLD FLAME 舊情人*

1¾盎司柳橙汁

¼盎司甜型香艾酒

¼盎司不甜香艾酒

¼盎司君度橙酒

¼盎司金巴利利口酒

¾盎司琴酒

柳橙皮

倒入雪克杯與冰塊一起充分搖盪。將酒液濾入一只馬丁尼杯，在杯上扭轉柳橙皮，再放入杯中。

* 原創者：戴爾·德格羅夫（Dale DeGroff）。

OPAL 蛋白石

¾盎司不甜型香艾酒

¾盎司琴酒

些許保樂艾碧斯

倒入調酒攪拌杯與冰塊一起攪拌。將酒液濾入一只冰鎮過
的馬丁尼杯。

OPERA 歌劇

¾盎司多寶力利口酒

1盎司琴酒

些許瑪拉斯奇諾櫻桃利口酒

檸檬皮

倒入一只小型高球杯與冰塊一起攪拌。在杯上扭轉檸檬
皮，再放入杯中。

ORANGE BLOSSOM 橙花

1¾盎司柳橙汁

¼盎司橙皮利口酒

1¾盎司琴酒

些許橙花水

倒入雪克杯與冰塊一起充分搖盪。將酒液濾入
一只馬丁尼杯。

ORANGEADE 柳橙水

2顆柳橙汁

糖漿

柳橙切塊

檸檬切塊

將柳橙汁倒入一只小型高球杯，以水滿上，再用糖漿增加甜味。接著，於杯上現擠柳橙與檸檬汁後，再將切塊放入杯中並攪拌。

ORDINARY SEAMAN 平凡水手* （1986）

¾盎司檸檬汁

¾盎司玫瑰牌萊姆汁

1吧匙糖粉

些許糖漿

¾盎司白蘭姆酒

⅛顆萊姆

倒入雪克杯與碎冰一起充分搖盪。將酒液濾入一只裝了碎冰的大型高球杯，並現擠萊姆。

* 又稱「Leichtmatrose」（譯註：德文，平凡水手之意）。

PALMER 朝聖者

1¾盎司波本威士忌

些許安格仕苦精

⅛顆檸檬

將波本威士忌倒入一只裝了冰塊的古典杯。倒入安格仕苦精，並在杯上現擠檸檬汁後，將切塊放入杯中，充分攪拌。

PARADISE 天堂

1½盎司柳橙汁

¼盎司杏桃白蘭地

1½盎司琴酒

倒入雪克杯與冰塊一起充分搖盪。將酒液濾入馬丁尼杯。

PARISIENNE 巴黎人

¾盎司娜利普萊香艾酒

¾盎司琴酒

些許黑醋栗香甜酒（或華冠利口酒）

倒入調酒攪拌杯與冰塊一起攪拌。將酒液濾入一只冰鎮過的馬丁尼杯，其中放了一顆方形冰塊。

PARK AVENUE 公園大道

¼盎司不甜香艾酒

¼盎司白香艾酒

1盎司琴酒

¼盎司鳳梨汁（未加糖）

倒入調酒攪拌杯與冰塊一起攪拌。將酒液濾入一只冰鎮過的馬丁尼杯。

PARK LANE 公園路

¼盎司檸檬汁

些許石榴汁

1½盎司柳橙汁

¼盎司杏桃白蘭地

1½盎司琴酒

倒入雪克杯與冰塊一起充分搖盪。將酒液濾入一只冰鎮過的馬丁尼杯。

PAVAROTTI 帕華洛帝

¾盎司艾普羅利口酒

1盎司不甜香艾酒

¾盎司白香艾酒

1½盎司普賽克氣泡酒

柳橙切塊

將前三項原料倒入一只高球杯，與冰塊一起攪拌。注入普賽克，並現擠柳橙切塊。

PEACH DAIQUIRI 蜜桃黛克瑞

水蜜桃切片
¼顆萊姆汁
1吧匙糖粉
1¾盎司白蘭姆酒
¼盎司桃子白蘭地

與碎冰一起以攪拌機攪拌。將酒液濾入一只馬丁尼杯。

PEACH ROYAL 皇家蜜桃（1991）

¼盎司萊姆汁
些許草莓糖漿
¼盎司桃子利口酒
香檳

倒入雪克杯與冰塊一起充分搖盪。將酒液濾入一只
長型香檳杯，最後以香檳滿上。

PEGU CLUB 勃固俱樂部*

¼顆萊姆
1顆方糖
¾盎司君度橙酒（或橙皮利口酒）
些許安格仕苦精
1½盎司琴酒

將萊姆、方糖、橙皮利口酒與安格仕苦精倒入雪克杯，以
攪拌杵壓榨。倒入琴酒與冰塊，搖盪之後將酒液濾入一只
馬丁尼杯。

* 創始地：緬甸仰光勃固俱樂部一號（1 Pegu Club），1920年。

PELICAN 鵜鶘（1986）

些許檸檬汁

些許石榴汁

¼盎司萊姆糖漿

3½盎司葡萄柚汁

倒入雪克杯與冰塊一起充分搖盪。將酒液濾入一只裝滿冰塊的高球杯。

PEPE 佩佩（1984）

¼盎司檸檬汁

¼盎司玫瑰牌萊姆汁

些許橙皮利口酒

2盎司葡萄柚汁

1盎司龍舌蘭酒

¾盎司卡夏莎

倒入雪克杯與冰塊一起充分搖盪。將酒液濾入一只裝了碎冰的大型高球杯。

PEPINOS CAFÉ 培皮諾咖啡館（1982）

1盎司龍舌蘭酒

¼~¾盎司卡魯哇咖啡酒

1吧匙紅糖

1杯濃烈熱咖啡

稍稍打發的鮮奶油

以一只耐高溫玻璃杯加熱卡魯哇咖啡酒與龍舌蘭酒（勿煮沸）。加入紅糖攪拌，以熱咖啡滿上，再次攪拌，最後放上打發鮮奶油。

PERFECT MARTINI 完美馬丁尼

½盎司不甜香艾酒

½盎司甜型香艾酒

¾盎司琴酒

些許柳橙苦精

柳橙皮

倒入調酒攪拌杯與冰塊一起攪拌。將酒液濾入一只冰鎮過的馬丁尼杯，並將扭轉過的柳橙皮放入杯中。

PERIODISTA 記者*

萊姆切塊

1吧匙糖粉

¼盎司杏桃白蘭地

¼盎司橙皮利口酒

1½盎司白蘭姆酒

萊姆皮

將萊姆與糖粉倒入雪克杯，以攪拌杆壓榨，再倒入一點方形冰塊之後搖盪。將酒液濾入一只馬丁尼杯，於杯上扭轉萊姆皮，再放入杯中。

* 亦名「報社記者」（Newspaperman）。

PERROQUET 鸚鵡

1½盎司保樂艾碧斯

些許胡椒薄荷糖漿

倒入裝了冰塊的開胃酒杯。以冰水滿上，並充分攪拌。

PICASSO 畢卡索

些許檸檬汁

¾盎司多寶力利口酒

1盎司白蘭地

檸檬皮

柳橙皮

倒入一只小型高球杯與冰塊一起攪拌。在杯上扭轉柳橙皮
與檸檬皮,再放入杯中。

PICK ME UP 醒腦

¼盎司檸檬汁

些許安格仕苦精

些許糖漿

些許石榴汁

¾~1盎司白蘭地

香檳

將前五項原料倒入雪克杯,與冰塊一起充分搖盪。將酒液
濾入一只長型香檳杯,最後以香檳滿上。

PIMM'S N°1 皮姆一號

1½~1¾盎司皮姆(Pimm's)利口酒

七喜汽水

檸檬皮

小黃瓜皮

將皮姆利口酒倒入一只裝了冰塊的大型高球杯。以七喜滿
上,最後放上檸檬與小黃瓜皮。

PIMM'S RANGOON 仰光皮姆

＝以薑汁汽水代替七喜。

PIMM'S ROYAL 皇家皮姆

＝使用香檳。

PIÑA COLADA 鳳梨可樂達*

1½盎司椰子鮮奶油

2盎司鳳梨汁

1盎司白蘭姆酒

1盎司黃金蘭姆酒

與碎冰一起以攪拌機攪拌。倒入一只小型高球杯。

* 此為原版做法。

P

PIÑA COLADA (SCHUMANN'S) 鳳梨可樂達（舒曼版本）

¾盎司鮮奶油

¾盎司椰子鮮奶油

2盎司鳳梨汁

1½盎司深蘭姆酒

¾盎司白蘭姆酒

鳳梨切塊

酸櫻桃

倒入雪克杯與碎冰一起搖盪。將酒液濾入一只裝了碎冰的大型高球杯，最後放上鳳梨切塊與酸櫻桃裝飾。

PINEAPPLE DAIQUIRI 鳳梨黛克瑞

鳳梨切片

些許鳳梨糖漿

¼顆萊姆汁

1吧匙糖粉

1¾盎司白蘭姆酒

與碎冰一起以攪拌機攪拌。將酒液濾入一只冰鎮過的馬丁尼杯。

PINERITO 皮內里托

½顆萊姆汁

些許石榴汁

2吧匙糖粉

¼盎司糖漿

2¾盎司葡萄柚汁

1½盎司白蘭姆酒

倒入雪克杯與冰塊一起充分搖盪。將酒液濾入一只裝了碎冰的大型高球杯。

PINK CREOLE 粉紅克里奧

些許萊姆汁

些許石榴汁

¼盎司鮮奶油

1¾盎司白蘭姆酒

倒入雪克杯與冰塊一起充分搖盪。將酒液濾入馬丁尼杯。

PINK DAIQUIRI 粉紅黛克瑞

½顆萊姆

2吧匙糖粉

些許石榴汁

1¾盎司白蘭姆酒

倒入雪克杯與冰塊一起充分搖盪。將酒液濾入一只冰鎮
過的馬丁尼杯。

PINK LADY 粉紅佳人

¼盎司檸檬汁

1顆蛋白

1吧匙糖粉

些許石榴汁（或華冠利口酒）

1¾盎司琴酒

倒入雪克杯與冰塊一起充分搖盪。將酒液濾入一只
沙瓦杯。

PISCO SOUR 皮斯可沙瓦

¾盎司檸檬汁

¼~¾盎司糖漿

1¾盎司皮斯可酒（Pisco）

1顆蛋白

倒入雪克杯與冰塊一起充分搖盪。將酒液濾入一只沙瓦杯
（能以些許安格仕苦精漂浮；也可以不使用蛋白）。

PLANTER'S PUNCH 拓荒者潘趣

¾盎司檸檬汁

¼盎司石榴汁

2¾盎司柳橙汁

1¾盎司深蘭姆酒

柳橙切塊

去梗櫻桃

豆蔻

倒入雪克杯與冰塊一起充分搖盪。將酒液濾入一只裝了冰塊的大型高球杯，並放上柳橙切塊與櫻桃，最後撒上豆蔻。

POLAR BEAR 北極熊

1½盎司鮮奶油

1湯匙打發鮮奶油

¾盎司白可可利口酒

1½盎司伏特加

倒入雪克杯與冰塊一起充分搖盪。將酒液濾入馬丁尼杯。

PORTO FLIP 波特蛋蜜酒

1顆蛋黃

1吧匙糖粉

糖漿

¾盎司鮮奶油

1½盎司紅寶石波特酒

¼盎司白蘭地

豆蔻

倒入雪克杯與冰塊一起充分搖盪。將酒液濾入一只馬丁尼杯，最後撒上豆蔻。

PRAIRIE OYSTER 草原牡蠣

橄欖油

1~2湯匙番茄醬

1顆蛋黃

鹽

胡椒

塔巴斯科辣椒醬

伍斯特醬

醋或檸檬汁

將橄欖油倒入一只馬丁尼杯，旋轉酒杯使油薄附內壁。倒入番茄醬，小心地滑入蛋黃，再以剩下的原料調味（一旁附上一支小湯匙，與一杯冰水）。

PRESBYTERIAN 長老教會*

1½盎司波本威士忌

¼盎司不甜香艾酒

些許安格仕苦精

去梗櫻桃

倒入調酒攪拌杯與冰塊一起攪拌。將酒液濾入一只馬丁尼
杯，最後放上櫻桃。

* 波本曼哈頓（Bourbon Manhattan）。

PRESIDENTE 大總統

¼盎司不甜香艾酒

¾盎司甜型香艾酒

1½盎司白蘭姆酒

些許石榴汁

去梗櫻桃

倒入調酒攪拌杯與冰塊一起攪拌。將酒液濾入
一只冰鎮過的馬丁尼杯，最後以櫻桃裝飾。

PRESIDENT'S COCKTAIL 總統的調酒*

3½盎司薑汁汽水

5滴安格仕苦精

2片柳橙切片

3½盎司蘋果汁（不過濾）

將薑汁汽水倒入一只裝了冰塊的高球杯。倒入安格仕苦精，並在杯上現擠柳橙汁後，將切塊放入杯中。以蘋果汁汁滿上之後，稍稍攪拌。

*原創者：巴黎麗池酒吧，柯林·菲爾德（Colin Field）。

PRINCE OF WALES 威爾斯親王

1顆方糖

些許安格仕苦精

¾盎司干邑白蘭地

¼盎司橙皮利口酒

柳橙切塊

檸檬切塊

去梗櫻桃

香檳

些許廊酒

將方糖放入一只小型高球杯（最初是使用銀杯），以安格仕苦精浸濕，放入方形冰塊，並倒入干邑白蘭地與橙皮利口酒，再加入柳橙與檸檬切塊以及櫻桃，接著以香檳滿上，並緩緩倒入廊酒。

PRINCETON 普林斯頓

¾盎司茶色波特

1盎司白蘭地

些許柳橙苦精

倒入調酒攪拌杯與冰塊一起攪拌。將酒液濾入一只冰鎮過的馬丁尼杯。

PUNCH À LA WASHINGTON HOTEL 華盛頓酒店潘趣（1986）

½顆萊姆汁

百香果（或2¾盎司百香果汁）

¼盎司百香果汁

1盎司白蘭姆酒

1盎司深蘭姆酒

如果有使用水果，請與碎冰一起以攪拌機攪拌；若沒有，就倒入雪克杯與冰塊一起充分搖盪，接著將酒液濾入一只裝了碎冰的大型高球杯。

PUSSY FOOT 貓步

¼盎司檸檬汁

些許石榴汁

1¾盎司柳橙汁

1¾盎司葡萄柚汁

去梗櫻桃

倒入雪克杯與冰塊一起充分搖盪。將酒液濾入一只裝了冰塊的小型高球杯，最後用櫻桃裝飾。

QUAKER'S 貴格會

¾盎司檸檬汁

1吧匙糖粉

些許蔓越莓糖漿

¾盎司白蘭地

¾盎司白蘭姆酒

倒入雪克杯與冰塊一起充分搖盪。將酒液濾入一只冰鎮過的馬丁尼杯。

QUARTER DECK 後甲板

½顆萊姆

¾盎司奶油雪莉酒

1盎司白蘭姆酒

在一只裝了冰塊的小型高球杯上現擠萊姆汁後,將萊姆切塊放入杯中。倒入雪莉酒與蘭姆酒,充分攪拌。

RATTLESNAKE 響尾蛇

¾盎司檸檬汁

1顆蛋白

1吧匙糖粉

¼盎司糖漿

1¾盎司波本威士忌

些許茴香酒

倒入雪克杯與冰塊一起充分搖盪。將酒液
濾入一只馬丁尼杯。

RED LION 紅獅

1½盎司柳橙汁

¼盎司檸檬汁

些許石榴汁

¾盎司柑曼怡香橙利口酒

1盎司琴酒

倒入雪克杯與冰塊一起充分搖盪。將酒液
濾入一只馬丁尼杯。

RED RUSSIAN 紅俄羅斯（1990）

1½盎司伏特加

¾盎司希琳櫻桃利口酒

倒入調酒攪拌杯與冰塊一起攪拌。將酒液濾入一只小型高
球杯。

RED SNAPPER 紅鯛

¼盎司檸檬汁

伍斯特醬

芹菜鹽

胡椒

塔巴斯科辣椒醬

1¾盎司琴酒

4盎司番茄汁

芹菜

將前七項原料倒入一只高球杯攪拌，並以芹菜裝飾，不加冰塊。也可以使用雪克杯搖盪。

REGGAE & RUM 雷鬼與蘭姆*

½顆萊姆汁

1盎司稍稍打發的鮮奶油

些許石榴汁

2盎司鳳梨汁

1½盎司高酒精濃度牙買加棕蘭姆酒（Jamaican rum）

倒入雪克杯與碎冰一起搖盪。將酒液濾入一只裝了碎冰的高球杯。

* 此為舒曼版本。

Réunion 留尼旺島（2009）

¾盎司法式農業蘭姆酒（Rhum agricole）

¾盎司紅香艾酒

些許金巴利利口酒

1½盎司蔓越莓汁

⅛顆萊姆

倒入一只古典杯與冰塊一起攪拌，再擠入萊姆汁。

Ribalaigua Daiquiri 瑞巴拉夸黛克瑞

¼顆萊姆汁

¼盎司瑪拉斯奇諾櫻桃利口酒

1¾盎司白蘭姆酒

倒入雪克杯與冰塊一起充分搖盪。將酒液濾入一只馬丁尼杯。

Ritz 麗池

¾盎司血橙汁

¾盎司干邑白蘭地

¼盎司君度橙酒

香檳

將前三項原料倒入雪克杯，與冰塊一起充分搖盪。將酒液濾入一只長型香檳杯，最後以香檳慢慢滿上。

ROBINSON 羅賓遜（1986）

¼顆萊姆汁

木瓜果肉

¼~¾盎司糖漿

1盎司白蘭姆酒

1盎司深蘭姆酒

與碎冰一起以攪拌機攪拌。倒入一只大型高球杯。

ROB ROY 羅伯洛伊*

½盎司不甜香艾酒

½盎司甜型香艾酒

1盎司蘇格蘭威士忌

些許安格仕苦精

去梗櫻桃

倒入調酒攪拌杯與冰塊一起攪拌。將酒液濾入一只冰鎮過
的馬丁尼杯，最後以櫻桃裝飾。

* 又名「完美曼哈頓、蘇格蘭曼哈頓」。

ROLLS-ROYCE 勞斯萊斯

¾盎司不甜型香艾酒

¾盎司甜型香艾酒

¾盎司琴酒

些許廊酒

去梗櫻桃

倒入調酒攪拌杯與冰塊一起攪拌。將酒液濾入一只冰鎮過
的馬丁尼杯，最後以櫻桃裝飾。

RON COLLINS 榮恩可林斯*

1盎司萊姆汁

¼~¾盎司糖漿

1¾盎司白蘭姆酒

蘇打水

萊姆切塊

將前三項原料倒入一只可林杯與冰塊一起攪拌。以蘇打水滿上，最後放上萊姆切塊。

* 此為原始古巴版本。

RORY O'MORE 羅里歐莫爾*

¾盎司甜型香艾酒

1½盎司愛爾蘭威士忌

些許柳橙苦精

倒入調酒攪拌杯與冰塊一起攪拌。將酒液濾入一只冰鎮過的馬丁尼杯。

* 又名「愛爾蘭曼哈頓」。

ROSE-ENGLISH 玫瑰－英國

¼盎司檸檬汁

些許杏桃白蘭地

些許石榴汁

¾盎司不甜型香艾酒

1盎司琴酒

倒入調酒攪拌杯與冰塊一起攪拌。將酒液濾入一只冰鎮過的馬丁尼杯。

R

ROSE-FRENCH 玫瑰－法國

¾盎司不甜型香艾酒

¼盎司櫻桃白蘭地

¾盎司琴酒

些許石榴汁

倒入調酒攪拌杯與冰塊一起攪拌。將酒液濾入一只冰鎮過的馬丁尼杯。

ROSITA 蘿西塔

¼盎司不甜香艾酒

¼盎司甜型香艾酒

¼盎司金巴利利口酒

¾盎司龍舌蘭酒

蘇打水

倒入調酒攪拌杯與冰塊一起攪拌。將酒液濾入一只冰鎮過的馬丁尼杯。

ROSSINI 羅西尼

¾~1盎司草莓汁

些許草莓糖漿

些許金巴利利口酒

香檳或普賽克氣泡酒

將草莓、草莓糖漿與金巴利利口酒倒入攪拌機攪拌。將酒液倒入一只調酒攪拌杯，注入普賽克氣泡酒或香檳與冰塊之後，小心地攪拌。最後，把酒液濾入一只長型香檳杯，並以香檳滿上。

ROYAL BERMUDA YACHT CLUB COCKTAIL 皇家百慕達遊艇俱樂部

¾盎司萊姆汁

¼盎司法勒南利口酒（falernum）

些許君度橙酒

1¾盎司深蘭姆酒

倒入雪克杯與冰塊一起充分搖盪。將酒液濾入一只馬丁尼杯。

RUM HIGHBALL 蘭姆高球

1¾盎司白或深蘭姆酒

薑汁汽水、蘇打水或七喜汽水

螺旋檸檬皮

將蘭姆酒倒入一只裝了冰塊的可林杯，並以薑汁汽水滿上，最後放入螺旋檸檬皮。

RUM RUNNER 蘭姆跑者（1986）

½顆萊姆汁

1吧匙糖粉

2盎司鳳梨汁

1盎司白蘭姆酒

1盎司深蘭姆酒

些許安格仕苦精

豆蔻

倒入雪克杯與碎冰一起搖盪。將酒液濾入一只大型高球杯，裝滿碎冰，最後撒上豆蔻。

RUSSIAN BEAR 俄羅斯熊

1½盎司鮮奶油

1盎司伏特加

¼盎司棕可可利口酒

1吧匙糖粉

倒入雪克杯與冰塊一起充分搖盪。將酒液濾入馬丁尼杯。

RUSSIAN COSMOPOLITAN
俄羅斯柯夢波丹（2007）

1½盎司蔓越莓汁

些許檸檬汁

1¾盎司伏特加

些許華冠利口酒

倒入雪克杯與碎冰一起充分搖盪。將酒液濾入一只馬丁尼杯。

RUSTY NAIL 鏽釘

1½盎司蘇格蘭威士忌

¾盎司吉寶（Drambuie）蜂蜜利口酒

倒入一只小型高球杯，與冰塊一起攪拌。

SAKE HIGHBALL 清酒高球（2008）

3片薄薑片

2片小黃瓜薄片

1¾盎司清酒

薑汁汽水

將薑與小黃瓜薄片放入一只裝了冰塊的可林杯。接著倒入清酒，並以薑汁汽水滿上，小心地攪拌（請勿將薑汁汽水直接朝著冰塊注入，而是輕柔地由杯緣緩緩倒入，以維持氣泡）。

SAKETINI 清丁尼（2008）

2滴柳橙苦精

1盎司清酒

¾盎司伏特加

檸檬皮

倒入調酒攪拌杯與冰塊一起攪拌，持續攪拌直到杯子外壁起霧。將酒液濾入一只冰鎮過的馬丁尼杯後，於杯上燃燒檸檬皮，再放入杯中（將火柴或打火機維持在檸檬皮與酒杯之間，讓扭轉檸檬皮時落下的油脂經過火焰的焦糖化）。

SALTY DOG 鹹狗

1¾盎司伏特加

1¾盎司葡萄柚汁

倒入雪克杯與冰塊一起搖盪。將酒液濾入一只冰鎮過且抹上一圈鹽的馬丁尼杯。

SANTINO 桑提諾（2008）

3~4片小黃瓜切片

¾盎司鳳梨汁

3½盎司克羅迪諾無酒精苦味開胃飲料（Crodino）

3½盎司薑汁汽水

倒入一只葡萄酒杯與冰塊一起攪拌。

S

SAOCO 紹柯

3½盎司椰子鮮奶油

1½盎司白蘭姆酒

倒入一只可林杯與碎冰一起攪拌。

SAZERAC 賽澤瑞克*

1顆方糖

些許貝橋苦精

2盎司裸麥威士忌

些許艾碧斯苦艾酒

水或蘇打水

將方糖放入一只古典杯，並以苦精浸濕，再用吧匙敲碎。倒入威士忌與保樂艾碧斯苦艾酒，充分攪拌，最後以水或蘇打水滿上。

*原版使用干邑白蘭地，而非裸麥威士忌。

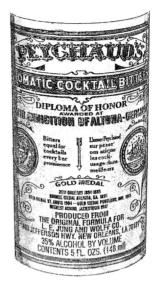

RUM SAZERAC 蘭姆賽澤瑞克

＝以白蘭姆酒代替威士忌。

SBAGLIATO 做錯的內格羅尼

1盎司金巴利利口酒

1盎司甜型香艾酒

香檳或普賽克氣泡酒

將金巴利利口酒或香艾酒倒入一只裝了冰塊的調酒攪拌杯一起攪拌，並以香檳或普賽克氣泡酒滿上。

SCHWERMATROSE 胖水手（1983）

½顆萊姆榨汁

1½盎司玫瑰牌萊姆汁

¼盎司糖漿

¼盎司堤亞瑪麗亞咖啡利口酒

¾盎司白蘭姆酒

1½盎司深蘭姆酒

1½盎司高酒精濃度深蘭姆酒

倒入雪克杯與碎冰一起充分搖盪。將酒液濾入一只裝了碎冰的高球杯，最後擠入萊姆汁。

SCOFF-LAW 藐視法令

¼盎司檸檬汁

些許石榴汁

1盎司不甜香艾酒

1盎司加拿大威士忌（或裸麥威士忌）

些許柳橙苦精

倒入調酒攪拌杯與冰塊一起攪拌。將酒液濾入一只冰鎮過的馬丁尼杯。

SCORPION 天蠍座

½顆萊姆汁

1½盎司柳橙汁

些許橙皮利口酒

些許糖漿

¾盎司白蘭地

¾盎司白蘭姆酒

1盎司深蘭姆酒

倒入雪克杯與碎冰一起充分搖盪。將酒液濾入一只裝了半
滿碎冰的大型高球杯，並擠入萊姆汁。

SCREWDRIVER 螺絲起子

1¾盎司伏特加

3½盎司柳橙汁

倒入一只可林杯與冰塊一起攪拌。

SEPTEMBER MORN 九月的早晨

½顆萊姆汁

1顆蛋白

2吧匙糖粉

些許石榴汁

1¾盎司白蘭姆酒

倒入雪克杯與冰塊一起充分搖盪。將酒液濾入馬丁尼杯。

S

SHANGHAI 上海

¼顆萊姆汁

2吧匙糖粉

些許石榴汁

些許茴香酒

1¾盎司深蘭姆酒

倒入雪克杯與冰塊一起充分搖盪。將酒液濾入馬丁尼杯。

SHERRY EGGNOG 雪莉蛋酒

1顆蛋黃

¼盎司鮮奶油

¼盎司糖漿

1¾盎司奶油雪莉酒

牛奶

豆蔻

把前四項原料倒入雪克杯，與冰塊一起充分搖盪。將酒液濾入一只大型高球杯，以牛奶滿上，最後撒上豆蔻。

SHERRY FLIP 雪莉蛋蜜酒

1顆蛋黃

¼盎司糖漿

1½盎司鮮奶油

1½盎司雪莉酒（中等甜度）

¼盎司干邑白蘭地

豆蔻

倒入雪克杯與冰塊一起充分搖盪。將酒液濾入一只馬丁尼杯，最後撒上豆蔻。

SHIRLEY TEMPLE 莎利譚寶

七喜汽水

薑汁汽水

¼顆檸檬汁

些許石榴汁

將七喜汽水、薑汁汽水與檸檬汁倒入一只裝了冰塊的可林杯，接著注入石榴汁並攪拌。

SIDECAR 側車

¾盎司檸檬汁

¼~¾盎司橙皮利口酒

1¾盎司白蘭地

倒入雪克杯與冰塊一起充分搖盪。將酒液濾入一只冰鎮過的馬丁尼杯。

SILVER JUBILEE 銀色週年

1½盎司鮮奶油

1½盎司琴酒

¼盎司香蕉利口酒

倒入雪克杯與冰塊一起充分搖盪。將酒液濾入馬丁尼杯。

S

SINGAPORE RACE SLING
新加坡大賽司令（2008）*

¾盎司檸檬汁

1½盎司鳳梨汁

¾盎司葡萄柚汁

1¾盎司琴酒

蘇打水

¼盎司華冠利口酒

將前四項原料倒入雪克杯，與冰塊一起充分搖盪。將酒液濾入一只可林杯，以蘇打水滿上後，小心地在頂端漂浮華冠利口酒。

* 此款調酒為舒曼為新加坡馥敦酒店（Fullerton Hotel）所設計。

SINGAPORE SLING 新加坡司令

¾~1盎司檸檬汁

¼盎司糖漿

1吧匙糖粉

1¾盎司琴酒

蘇打水

¼~¾盎司櫻桃白蘭地

去梗櫻桃

將前四項原料倒入雪克杯，與冰塊一起充分搖盪。將酒液濾入一只裝了冰塊的可林杯，以蘇打水滿上並小心地倒入櫻桃白蘭地，最後以櫻桃裝飾。

SLOPPY JOE 邋遢喬

½顆萊姆汁

些許橙皮利口酒

些許石榴汁

¾盎司不甜型香艾酒

¾盎司白蘭姆酒

倒入雪克杯與冰塊一起充分搖盪。將酒液濾入一只冰鎮過的馬丁尼杯。

SMOKEY MARTINI 煙燻馬丁尼*

¼盎司不甜香艾酒

1¾盎司琴酒

些許威士忌

倒入調酒攪拌杯與冰塊一起攪拌。將酒液濾入馬丁尼杯。

*原創者：奧黛麗・桑德斯（Audrey Saunders）。

SOMBRERO 墨西哥帽

1½盎司白蘭地

¼盎司紅寶石波特酒

¾盎司鮮奶油

將白蘭地與紅寶石波特倒入調酒攪拌杯與冰塊一起攪拌。將酒液濾入一只雪莉杯，小心地放上鮮奶油。

Sours 沙瓦相關調酒，詳見：

SOUTH OF THE BORDER 國境之南

½顆萊姆

1盎司龍舌蘭酒

¾盎司堤亞瑪麗亞咖啡利口酒

將萊姆擠入小型高球杯。倒入冰塊，注入龍舌
蘭酒與堤亞瑪麗亞咖啡利口酒，充分攪拌。

SOUTHERN COMFORT SOUR
金馥沙瓦

¾盎司檸檬汁

¼盎司柳橙汁

1盎司金馥利口酒

¾盎司威士忌或波本威士忌

去梗櫻桃

倒入雪克杯與冰塊一起充分搖盪。將酒液濾入一只裝有冰
塊的古典杯，最後以櫻桃裝飾。

SPRING FEVER 春躁（1980）

¾盎司檸檬汁

¾盎司芒果糖漿

1½盎司鳳梨汁

¾盎司血橙汁

倒入雪克杯與冰塊一起充分搖盪。將酒液濾入一只裝了半
滿碎冰的可林杯。

SPRITZER 汽酒

4盎司白酒

蘇打水

將白酒倒入一只葡萄酒杯，並注入蘇打水。

STINGER 毒刺

1½盎司白蘭地

¾盎司白薄荷利口酒

倒入一只小型高球杯與碎冰一起攪拌。

STORMY WEATHER 風暴天（1980）

¾盎司芙內布蘭卡草本苦精

¾盎司不甜型香艾酒

¼盎司白薄荷利口酒

倒入一只小型高球杯與冰塊一起攪拌。

STRAWBERRY DAIQUIRI 草莓黛克瑞

2顆大顆草莓

¼顆萊姆汁

1吧匙糖粉

1¾盎司白蘭姆酒

些許草莓糖漿

與碎冰一起以攪拌機攪拌。將酒液濾入一只馬丁尼杯。

STRAWBERRY MARGARITA
草莓瑪格麗特

2顆大顆草莓

¼顆萊姆汁

1吧匙糖粉

1¾盎司龍舌蘭酒

些許草莓糖漿

與碎冰一起以攪拌機攪拌。將酒液濾入一只馬丁尼杯。

SUMMER COOLER 夏季酷樂

1½盎司柳橙汁

些許安格仕苦精

七喜汽水

將柳橙汁倒入一只裝了冰塊的可林杯。加入安格仕苦精，
以七喜汽水滿上後，再做攪拌。

SWEET & HOT 甜與熱（1984）

2盎司牛奶

¾盎司鮮奶油

¾盎司卡魯哇咖啡酒

¾盎司深蘭姆酒

檸檬皮

丁香

倒入一只耐高溫玻璃杯加熱後，再加入檸檬皮與丁香。

SWEET SCIENCE 甜科學（1981）

1½盎司柳橙汁

¼~¾盎司吉寶蜂蜜利口酒

1½盎司蘇格蘭威士忌

倒入雪克杯與冰塊一起充分搖盪。將酒液濾入馬丁尼杯。

SWIMMING POOL 游泳池（1979）

¾盎司甜鮮奶油

¾盎司椰子鮮奶油

2盎司鳳梨汁

¾盎司伏特加

¾盎司白蘭姆酒

¼盎司藍庫拉索

鳳梨切塊

去梗櫻桃

將前五項原料倒入雪克杯，與碎冰一起充分搖盪。將酒液濾入一只裝了碎冰的大型高球杯，頂端以藍庫拉索漂浮，最後用鳳梨切塊與櫻桃裝飾。

Take Five 休息一下（2009）

¾盎司柳橙汁
1盎司娜利普萊香艾酒
1盎司琴酒
¼盎司華冠利口酒
些許柳橙苦精

倒入雪克杯與冰塊一起充分搖盪。將酒液濾入一只高球杯。

Tequila Matador 龍舌蘭鬥牛士

½顆萊姆汁
1吧匙糖粉
鳳梨汁
¼盎司橙皮利口酒
1¾盎司龍舌蘭酒

與碎冰一起以攪拌機攪拌後，倒入一只小型高球杯。

Tequila Mockingbird 龍舌蘭知更鳥

½顆萊姆汁
1½盎司龍舌蘭酒
¼盎司綠薄荷利口酒
蘇打水

將前三項原料倒入一只小型高球杯。放入擠出萊姆汁之後的切塊，最後注入水或蘇打水。

TEQUILA SUNRISE 龍舌蘭日出

些許石榴汁

½盎司檸檬汁

2盎司龍舌蘭酒

3½盎司柳橙汁

將石榴汁倒入一只裝了半滿碎冰的大型高球杯。加入檸檬汁與龍舌蘭、以柳橙汁緩緩滿上後，輕柔地攪拌以創造「日出效果」。

TI PUNCH 小潘趣

¼顆萊姆

¼~¾盎司糖漿

1¾盎司法式農業蘭姆酒

倒入一只古典杯與冰塊一起攪拌，放入擠出萊姆汁之後的切塊。

TIPPERARY 蒂珀雷里郡

¾盎司白香艾酒

¼盎司綠蕁麻利口酒

1盎司愛爾蘭威士忌

倒入雪克杯與冰塊充分搖盪，再濾入馬丁尼杯。

TIZIANO 提香

去籽紅葡萄

1顆方糖

1~1½盎司多寶力利口酒

香檳

將葡萄、方糖與多寶力利口酒倒入雪克杯壓榨。加入冰塊後搖盪，將酒液濾入長型香檳杯，最後以香檳慢慢滿上。

T. N. T.

1盎司波本威士忌

¼~¾盎司保樂艾碧斯

倒入一只古典杯與冰塊一起攪拌，也可以再注入些許水或蘇打水。

TODDIES 托迪

請見Hot Toddy熱托迪（第118頁）

T

TOM & JERRY 湯姆貓與傑利鼠

1顆蛋

1~2吧匙糖

1¾盎司白蘭姆酒

熱牛奶

豆蔻

將蛋黃與蛋白分開，兩者分別稍稍打發。接著把糖加入蛋黃，持續攪拌直到糖徹底溶解後，再混入蛋白。將混合物與蘭姆酒一同倒入一只耐高溫玻璃杯，再倒入熱牛奶充分攪拌，最後撒上豆蔻。

TOM COLLINS 湯姆可林斯*

¾~1盎司檸檬汁

¼~¾盎司糖漿

1¾盎司琴酒

蘇打水

去梗櫻桃

將前三項原料倒入一只可林杯與冰塊一起攪拌。以蘇打水滿上後，再放上櫻桃。

* 此調酒為知名度最高的可林斯調酒。

以其他烈酒製作的可林斯包括：

Captain Collins 可林斯船長 .... 使用加拿大威士忌

Colonel Collins 可林斯上校 .... 使用波本威士忌

Jack Collins 傑克可林斯 .... 使用蘋果白蘭地

Joe Collins 喬可林斯 .... 使用伏特加

John Collins 約翰可林斯 .... 使用荷蘭琴酒

Mike Collins 麥克可林斯 .... 使用愛爾蘭威士忌

Pedro Collins 佩德羅可林斯 .... 使用白蘭姆酒

Pierre Collins 皮耶可林斯 .... 使用干邑白蘭地

Pisco Collins 皮斯可可林斯 .... 使用皮斯可

Ron Collins 榮恩可林斯 .... 使用深蘭姆酒

Ruben or Pepito Collins 魯本或佩皮托可林斯 ...... 使用龍舌蘭

Sandy Collins 珊迪可林斯 .... 使用蘇格蘭威士忌

TOMATE 番茄汁

1½盎司力加茴香酒（Ricard）

些許石榴汁

倒入一只開胃酒杯與冰塊一起攪拌，再以熱水滿上。

TOMMY'S MARGARITA 湯米的瑪格麗特

¾盎司萊姆汁

¼~¾盎司龍舌蘭糖漿

1½盎司龍舌蘭酒

倒入雪克杯與冰塊充分搖盪，再濾入高球杯。

TOUCHDOWN 達陣

¾盎司檸檬汁

2盎司百香果汁

¼盎司石榴汁

些許杏桃白蘭地

1盎司伏特加

¾盎司野牛草伏特加（bison grass vodka）

萊姆切塊

去梗櫻桃

倒入雪克杯與冰塊一起充分搖盪。將酒液濾入一只裝了碎冰的高球杯，並放上萊姆切塊與櫻桃。

TOXIC GARDEN 毒花園（2008）

8~10片胡椒薄荷葉

3~4片小黃瓜薄片

¼盎司接骨木花糖漿

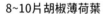

2滴芹菜苦精

3½盎司通寧水

3½盎司七喜汽水

將胡椒薄荷葉、小黃瓜薄片與接骨木花糖漿倒入一只高球杯，以攪拌杆壓榨。倒入冰塊與苦精，最後以通寧水與七喜汽水滿上。

TRINITY 三位一體

¾盎司白香艾酒

¾盎司不甜型香艾酒

¾盎司琴酒

檸檬皮

倒入調酒攪拌杯與冰塊一起攪拌。將酒液濾入一只冰鎮過的馬丁尼杯，最後在杯上扭轉檸檬皮。

TROPICAL CHAMPAGNE
熱帶香檳（1980/2009）

些許檸檬汁

水果與熱帶水果泥

¾盎司深蘭姆酒

香檳

將前三項原料倒入雪克杯，與冰塊一起充分搖盪。將酒液濾入一只長型香檳杯，最後以香檳慢慢滿上。

VELVET HAMMER 天鵝絨榔頭*

1盎司鮮奶油

¾盎司棕可可利口酒

¾盎司伏特加

倒入雪克杯與冰塊一起充分搖盪。將酒液濾入一只馬丁尼杯。

* 伏特加亞歷山大。

VENEZIANO
威尼斯人（1988）

¾盎司金巴利利口酒

½盎司甜型香艾酒

½盎司不甜香艾酒

白酒

檸檬皮與柳橙皮

倒入一只高球杯與冰塊一起攪拌。以白酒滿上，最後放入柳橙皮與檸檬皮。

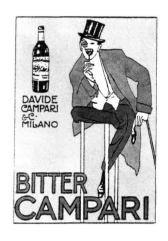

VERMOUTH COCKTAIL 香艾酒調酒*

¾盎司不甜型香艾酒

¾盎司白香艾酒

些許柳橙苦精

倒入調酒攪拌杯與冰塊一起攪拌。將酒液濾入一只冰鎮過的馬丁尼杯。

* 又名「半半」（Half & Half）。

VESPER MARTINI 薇絲朋馬丁尼*

1½盎司琴酒

¼盎司麗葉白利口酒

檸檬皮

倒入調酒攪拌杯與冰塊一起攪拌。將酒液濾入一只冰鎮過
的馬丁尼杯，最後放入檸檬皮。

* 此為舒曼版本。

VIRGIN COLADA 純真可樂達

¾盎司椰子鮮奶油

2¾盎司鳳梨汁

¾盎司鮮奶油

倒入雪克杯與碎冰一起充分搖盪。將酒液濾入一只裝了碎
冰的高球杯。

VIRGIN MARY 純真瑪麗

4盎司番茄汁

些許檸檬汁

芹菜鹽

伍斯特醬

粗胡椒鹽

塔巴斯科辣椒醬

芹菜莖

將番茄汁倒入一只裝了冰塊的大型高球杯。
以剩下的五項原料調味並攪拌，最後放上芹菜莖
（或許也可用雪克杯搖盪）。

VODKA MARTINI 伏特加馬丁尼*

1¾盎司伏特加

些許不甜型香艾酒（娜利普萊）

橄欖或檸檬皮

倒入調酒攪拌杯與冰塊一起攪拌。將酒液濾入一
只冰鎮過的馬丁尼杯，最後放入檸檬或檸檬皮。

* 又名「伏丁尼」（Vodkatini）。

VODKA STINGER 伏特加毒刺

1½盎司伏特加

¼盎司白薄荷利口酒

倒入一只小型高球杯與冰塊或碎冰一起攪拌。

VOLCANO 火山

¾盎司覆盆子利口酒

¾盎司藍庫拉索

香檳

柳橙皮

將覆盆子利口酒與藍庫拉索倒入一只長型香檳杯。以冰冷
的香檳滿上，並在杯上扭轉柳橙皮（覆盆子利口酒與庫拉
索酒也可以點火加熱，然後用香檳將火熄滅）。

VOLGA VOLGA 伏爾加伏爾加 (1979)

1¾盎司伏特加

¼盎司綠薄荷利口酒

通寧水

將伏特加與綠薄荷利口酒倒入一只小型高球杯與碎冰一起攪拌,再以通寧水滿上。

WALDORF ASTORIA EGGNOG
華爾道夫酒店蛋酒

2顆蛋黃

¼盎司糖漿

¾盎司茶色波特酒

1½盎司波本威士忌

3½盎司牛奶

¼盎司鮮奶油

豆蔻

倒入雪克杯與冰塊一起充分搖盪。將酒液濾入一只裝了冰塊的大型高球杯，最後撒上豆蔻。

WARD EIGHT 第八區

¾盎司檸檬汁

¼盎司柳橙汁

1吧匙糖粉

些許石榴汁

1¾盎司波本威士忌

去梗櫻桃

倒入雪克杯與冰塊一起充分搖盪。將酒液濾入一只沙瓦杯，最後以櫻桃裝飾。

WEDDING BELLS COCKTAIL 婚禮鐘聲

¾盎司柳橙汁

¾盎司琴酒

¾盎司多寶力口酒

¼盎司櫻桃白蘭地

倒入雪克杯與冰塊充分搖盪，再濾入冰鎮過的馬丁尼杯。

WEST INDIAN PUNCH 西印度潘趣

½顆萊姆汁

1盎司鳳梨汁

1盎司柳橙汁

¼盎司香蕉利口酒

1吧匙糖粉

2盎司深蘭姆酒

豆蔻

將前六項原料倒入雪克杯，與碎冰一起充分搖盪。將酒液濾入一只可林杯，再以碎冰滿上，最後撒上豆蔻。

WET MARTINI 濕馬丁尼

¾盎司不甜型香艾酒

1½盎司琴酒

倒入調酒攪拌杯與冰塊攪拌，再濾入馬丁尼杯。

WHISKEY SOUR 威士忌沙瓦*

¾盎司檸檬汁

1吧匙糖粉

½盎司糖漿

1½盎司波本威士忌

去梗櫻桃

倒入雪克杯與冰塊一起充分搖盪。將酒液濾入一只沙瓦杯，最後以櫻桃裝飾。

* 威士忌變形版本：蘇格蘭沙瓦（Scotch Sour）、傑克沙瓦（Jack Sour）、野火雞沙瓦（Wild Turkey Sour）。

BOURBON STONE SOUR 波本石沙瓦

＝增加¾盎司柳橙汁。

LONDON SOUR 倫敦沙瓦

＝使用蘇格蘭威士忌。

WHISKEY SMASH 威士忌斯瑪旭*

¾盎司檸檬汁

2吧匙糖

1½盎司波本威士忌

幾片薄荷葉

倒入雪克杯與冰塊一起充分搖盪。將酒液濾入一只裝滿碎冰的古典杯，最後放上薄荷葉。

* 原創者：戴爾·德格羅夫。

WHITE CLOUD 白雲

¾盎司鮮奶油

2盎司鳳梨汁

¾盎司白可可利口酒

2½盎司伏特加

倒入雪克杯與冰塊一起充分搖盪。將酒液濾入一只裝了碎冰的大型高球杯。

WHITE LADY 白佳人

¾盎司檸檬汁

1顆蛋白

1吧匙糖粉

¼~¾盎司橙皮利口酒

1½盎司琴酒

倒入雪克杯與冰塊一起充分搖盪。將酒液濾入一只冰鎮過的馬丁尼杯。

WHITE RUSSIAN 白俄羅斯人（2009）

1盎司伏特加

¾盎司卡魯哇咖啡酒

鮮奶油

將伏特加與卡魯哇咖啡酒倒入調酒攪拌杯，與冰塊一起攪拌。將酒液濾入一只雪莉杯，最後添上稍稍打發的鮮奶油。

YAMAHAI 山廢（2008）*

1顆德梅拉拉（Demerara）方糖

2滴柳橙苦精

1盎司琴酒

1盎司清酒

檸檬皮與柳橙皮

將方糖放入一只古典杯，並以柳橙苦精浸潤。倒入琴酒與清酒。接著，以湯匙壓碎方糖，攪拌直到完全溶解，再放入三顆方形冰塊，持續攪拌直到冰塊稍稍融化。此時古典杯約為¾滿，視需要放入更多冰塊（融化的水分是此調酒必要一環），最後以檸檬皮與柳橙皮裝飾。

* 又名「清琴古典雞尾酒」（Sake Gin Old Fashioned）。

YELLOW BIRD 1 黃鳥一號

½顆萊姆汁

1½盎司柳橙汁

¼盎司堤亞瑪麗亞咖啡利口酒

1盎司白蘭姆酒

1盎司深蘭姆酒

薄荷嫩葉

去梗櫻桃

倒入雪克杯與碎冰一起搖盪。將酒液濾入一只裝了半滿碎冰的大型高球杯，最後以薄荷嫩葉與櫻桃裝飾。

Yellow Bird 2 黃鳥二號

½顆萊姆汁
1½盎司柳橙汁
¼盎司加利亞諾利口酒
1盎司白蘭姆酒
1盎司深蘭姆酒
薄荷嫩葉
去梗櫻桃

倒入雪克杯與碎冰一起搖盪。將酒液濾入一只裝了半滿碎冰的可林杯，最後以薄荷嫩葉與櫻桃裝飾。

Yellow Boxer 黃色四角褲（1981）

¾盎司檸檬汁
¾盎司玫瑰牌萊姆汁
¾盎司柳橙汁
¼盎司加利亞諾利口酒
1盎司龍舌蘭酒

倒入雪克杯與冰塊一起充分搖盪。將酒液濾入一只冰鎮過的馬丁尼杯。

Yellow Cab 黃色計程車（2001）

¼盎司檸檬汁
¾盎司百香果汁
¾盎司鳳梨汁
¼盎司橙皮利口酒
1½盎司伏特加

倒入雪克杯與冰塊一起充分搖盪。將酒液濾入一只冰鎮過的馬丁尼杯。

YELLOW FEVER 黃色狂熱（1982）

2盎司鳳梨汁

¼盎司檸檬汁

¼盎司加利亞諾利口酒

1½盎司伏特加

倒入雪克杯與冰塊一起充分搖盪。將酒液濾入一只裝了碎冰的大型高球杯。

YELLOW PARROT 黃鸚鵡

¼盎司黃蕁麻利口酒

¾盎司杏桃白蘭地

¼盎司茴香酒

倒入調酒攪拌杯與冰塊一起攪拌。將酒液濾入一只冰鎮過的馬丁尼杯。

YELLOW SMASH 黃碎擊（2008）

幾片薄荷葉

1盎司萊姆汁

些許糖漿

些許柳橙金巴利甜味利口酒

2盎司綠蕁麻利口酒

將薄荷葉放入雪克杯小心地壓榨。倒入剩下的所有原料，用冰塊滿上並加以搖盪，最後將酒液濾入一只裝了冰塊的古典杯。

ZICO 濟柯（1986）

¼顆萊姆汁

¾盎司椰子鮮奶油

2盎司木瓜汁

1盎司白蘭姆酒

1盎司卡夏莎

倒入雪克杯與碎冰充分搖盪，再濾入裝碎冰的大型高球杯。

ZOMBIE 殭屍

1½盎司檸檬汁

些許石榴汁

¾盎司血橙汁

¾盎司鳳梨汁

1吧匙糖粉

¾盎司希琳櫻桃利口酒

¾盎司白蘭姆酒

2盎司深蘭姆酒

¾盎司高酒精濃度深蘭姆酒

倒入雪克杯與冰塊充分搖盪，再濾入裝碎冰的大型高球杯。

Z

ZUMA 祖瑪

2盎司蘋果汁

削皮的小黃瓜切片

新鮮覆盆子

1片蘋果切片

些許蔓越莓糖漿

些許萊姆汁

與碎冰一起以攪拌機攪拌。倒入一只大型高球杯。

調酒與飲品分類

美國飲品根據容量分為最高容量為3½盎司的短飲（short drinks），以及8½盎司以上的長飲（tall drinks）。

還有眾多類型是依據食材分類，但許多不再被視為酒吧飲品，也不再必須是混調飲品。1930年代的調酒書籍，通常列有30種以上的類型。

以下列出我認為對當代相當重要的13類飲品。

我以「餐前開胃酒」和「餐後消化酒」作開頭。對我而言，酒吧的明星調酒，都是餐前或餐後相隔數小時的酒款。身為吧檯手，應該為客人提供這兩種調酒類型的選擇方向。

適當的調酒酒款選擇建議，是酒吧能否擁有優質聲譽的關鍵之一。

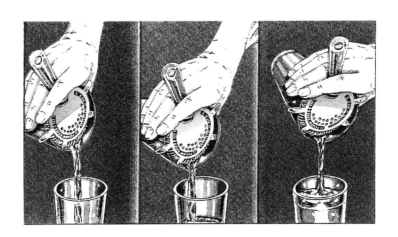

1. 餐前開胃酒

2. 餐後消化酒

3. 解酒

4. 香檳調酒

5. 沙瓦、費茲與可林斯

6. 蛋酒與蛋蜜酒

7. 高球

8. 朱利普

9. 熱飲與咖啡飲品

10. 調酒盆

11. 潘趣

12. 可樂達

13. 無酒精調酒與飲品

1. 餐前開胃酒 Aperitifs

這類調酒用於挑起胃口與縮短餐前時間,但開胃酒絕非拿來消減飢餓感或扼殺味蕾。由於這類飲品被視為是**晚餐餐前調酒**(before dinner drinks),或者美國地區的**開胃酒**(starters),因此我將這些飲品作如下分類:

美國人的最愛

以下為在美國地區占有主導且寫下當地調酒歷史的飲品,主要為調酒,這些飲品也應該是每間酒吧的標準調酒,甚至無須列於酒單上。其中部分調酒名稱,包括第一名的餐前開胃酒,也就是「藍色時刻」(blue hour)的調酒:調酒之王——**干馬丁尼**(Dry Martini),以及所有與之相關的調酒。**曼哈頓**也是一款「藍色時刻」調酒。亦參見**古典雞尾酒**、**布朗克斯**以及**側車**和**白佳人**。

南歐開胃酒

這是來自南歐,以烈酒添入葡萄酒與苦精的調酒,尤其適合做為開胃。經典開胃酒使用的烈酒包括雪莉酒(不甜、中等甜度、甜)、香艾酒(不甜、白、甜)、金巴利利口酒、吉拿與多寶力利口酒等。

這些開胃酒使用的烈酒,許多也可以直接純飲。不過,金巴利利口酒與香艾酒特別適合用於混調(攪拌)。這些酒類為許多調酒的基酒,也能添入部分與之和諧的調酒,如**金巴利**

調酒、吉拿調酒、美國佬與內格羅尼。

「開胃酒烈酒」與苦精或茴香風味的搭配，在南部氣候地區尤其受歡迎，如保樂艾碧斯、法國茴香酒（pastis）、吉拿、金巴利利口酒與希臘烏佐（ouzo）。這些調酒經常會倒入水或蘇打水。當然，絕大多數的香檳調酒，也都會建議作為開胃酒飲用。

如今，在「硬派調酒」變得越來越稀有，以及飲酒習慣轉變的同時，汽酒（白酒加蘇打水）便逐漸取代干馬丁尼的熱門地位。當然，我們也別忘了還有小瓶啤酒，這類開胃酒在德國等地也相當受歡迎。

世界各地的吧檯手——我說的當然是優質吧檯手——都應該確保客人享用餐點時的味蕾不會影響，讓他們能夠真正好好享受美味的食物，犒賞辛苦的一天。

享用開胃酒的時刻，代表的是準備之後享用晚餐，應該為客人端上飲盡之後能起身來到餐桌前，同時也能與餐桌上的開胃菜一起品嚐的飲品。

2. 餐後消化酒 Digestifs

消化酒或餐後酒，能為一頓晚餐劃下完美的句點，也常作為
睡前飲品享用。若是不想純飲，亦可選擇以下兩類調酒：

1. 混調烈酒，如

B & B（白蘭地與廊酒）

B & P（白蘭地與波特）

黑俄羅斯（伏特加與卡魯哇咖啡酒）

2. 烈酒與果汁混調做成的甜點酒。許多這類調酒皆國際知
名，例如：

白蘭地亞歷山大（Brandy Alexander）

黃金凱迪拉克（Golden Cadillac）

金色夢幻（Golden Dream）

綠色蚱蜢（Grasshopper）

白俄羅斯人（White Russian）

3. 解酒 Hangover Drinks

也稱為宿醉解酒、還魂酒與提神酒。這些飲品的差異在於採用什麼液體，而目的，都是讓飲者可以再度把「腰桿挺直」。對於某些客人而言，只要來一杯咖啡、可樂或礦泉水就有所幫助，也有人的最佳藥方是再加一顆阿斯匹靈。*

這些調酒並非根據原料分類，而酒吧中此類調酒的經典，就包括有**純真瑪麗**、**血腥瑪麗**、**公牛子彈**、**粉紅琴酒**，以及巴黎麗池酒吧法蘭克・梅爾所原創的**亡者復甦**。

每一位吧檯手，都應該有一套專為「病患」準備的獨家藥方，但有時，最好的做法還是在一切變得太遲之前減少酒精攝取。

* 編注：美國食品藥品監督管理局（FDA）專文〈阿斯匹靈Q&A〉（Aspirin: Questions and Answers）指出，酒精與阿斯匹靈同時服用，恐有消化道出血（gastrointestinal bleeding）之風險，建議讀者不要輕易嘗試。

4. 香檳調酒 Champagne Cocktails

至今，我依舊對於以氣泡酒進行調酒有些障礙。在酒吧語言中，這類調酒被稱為「混調香檳」（mixing champagne）。但千萬別因為用於混調，就使用低品質的氣泡酒，而且應該採用不甜酒款（brut）。

香檳調酒同時也有打響酒吧名號的作用，例如威尼斯哈利酒吧創造的**貝里尼**（Bellini）調酒。

我將香檳調酒分為以下幾大類：

1. **純烈酒添加氣泡酒**。最適合的就是水果白蘭地，例如西洋梨（poire Williams）水果白蘭地。

2. **烈酒**（如琴酒、伏特加與白蘭地）**與利口酒混調**，再添入些許果汁與糖漿，最後以氣泡酒滿上。

3. **烈酒與現擠果汁混調**，最後以氣泡酒滿上。

4. **果汁與果泥混調氣泡酒**。可以擠入些許檸檬汁以避免果泥氧化成灰褐色。

5. 沙瓦、費茲與可林斯
Sours, Fizzes & Collinses

沙瓦

我最愛的調酒，其中包含檸檬汁、糖與烈酒。

沙瓦有時會添入一點點柳橙汁，不過我個人覺得不是很有必要。沙瓦幾乎可與任何一種烈酒混調（只能用雪克杯），最常見的沙瓦調酒是**威士忌沙瓦、琴沙瓦、蘭姆沙瓦**與**皮斯可沙瓦**。

沙瓦通常會以沙瓦杯盛裝（也可用裝入冰塊的玻璃杯或古典杯），上方會以帶梗馬拉斯奇諾櫻桃裝飾。

費茲

主要原料為檸檬汁、糖、烈酒與蘇打水。

費茲就是用雪克杯搖盪後，以蘇打水滿上的沙瓦，增加甜度的糖也可以替換成糖漿或蜂蜜。

對我而言，相較於可林斯，費茲主要為琴酒調酒等相關的變異版本，像是：

琴費茲、銀費茲、黃金費茲、皇家費茲、柳橙費茲、晨光費茲與**紐奧良費茲（拉莫斯費茲）**。而**伏特加費茲、白蘭地費茲、蘭姆費茲**與**威士忌費茲**也頗為人所熟知。

可林斯

主要原料為檸檬汁、糖、烈酒與蘇打水。

可林斯為長飲沙瓦，因此也與費茲相關。然而，可林斯反倒
是直接在品飲杯中攪拌完成，最後以檸檬切塊與櫻桃裝飾。
如同沙瓦與費茲，在盛夏午後喝一杯可林斯相當清爽。最知
名的可林斯調酒就是**湯姆可林斯**（檸檬汁、糖漿與琴酒）。
我個人喜歡費茲勝過於可林斯。因為費茲的原料經過搖盪
（可林斯僅攪拌），如此比較能做出一杯完美解渴的飲品。
幾乎所有烈酒都有專屬自己的可林斯調酒（第193頁）。

6. 蛋酒與蛋蜜酒 Eggnogs & Flips

蛋酒

這類調酒是酒吧歷史不可或缺的一部分，雖然如今它已經不那麼受歡迎。蛋酒主要原料為蛋黃、糖或其他增加甜度的材料、烈酒（利口酒或白蘭地），以及鮮奶油或牛奶。

蛋酒必須在雪克杯中與冰塊經過激烈的搖盪，最後裝入馬丁尼杯，並撒上些許豆蔻。其最主要的烈酒為雪莉、馬德拉、波特、白蘭地、蘭姆酒與威士忌，相關調酒常以這些烈酒命名。利口酒也常單獨做成蛋酒，或同時與其他烈酒混調。

蛋蜜酒

主要原料為蛋黃、糖、烈酒與利口酒。蛋蜜酒與蛋酒十分類似。蛋蜜酒通常不會加入牛奶或鮮奶油。我個人會在蛋蜜酒中放入一點點鮮奶油。因為我覺得只有蛋、糖與烈酒，整體還不夠和諧。

最重要的是，帶有葡萄酒特質的烈酒（白蘭地、雪莉、馬德拉、波特），以及蘭姆酒與威士忌都非常適合蛋蜜酒。杏桃白蘭地、櫻桃白蘭地與橙皮利口酒則是主要採用的利口酒。

知名的蛋蜜酒包括**波本蛋蜜酒、白蘭地蛋蜜酒、雪莉蛋蜜酒、波特蛋蜜酒**與**香檳蛋蜜酒**。

7. 高球 Highballs

主要原料為烈酒、水與蘇打水；如薑汁汽水、通寧水、苦檸
檬汽水（bitter lemon）與檸檬水，都是可能用上的氣泡水。

高球是以烈酒（琴酒、伏特加、威士忌或干邑白蘭地）加入
蘇打水或水做成的調酒，最後倒入裝了方形冰塊的玻璃杯。
高球會以裝了方形冰塊的可林杯或高球杯裝盛。最後常常會
再以扭轉或未扭轉的檸檬或柳橙皮裝飾。
若是用適當的幾滴苦精為高球劃下完美的句點，就能化為另
一種調酒，例如將知名的**波本高球**變成**馬頸**。

8. 朱利普Juleps

主要原料為薄荷與烈酒。朱利普稱得
上世界最古老的調酒。據說這類調酒
最初源於美國南部。

一杯優質朱利普，最重要的原料就是香氣十足的薄荷。很明
顯地，生長在陽光普照的氣候地帶的薄荷會帶有比較強烈的
香氣。

朱利普調酒會裝盛於玻璃杯中。一杯朱利普的高球杯中會放
入大約十片薄荷葉、一至兩顆的方糖，再用攪拌杵或吧匙壓
榨。如此一來，薄荷葉的水分與香氣方能釋出，並與糖分融
合。

有時，最後會將壓榨後的薄荷葉取出，但我喜歡將它們留於
杯中。接著，我會以碎冰裝至半滿，再倒入任何想要使用的
烈酒，用力地將所有原料攪拌均勻後，並以冰塊滿至杯緣。
最後，我會放入一片薄荷嫩葉，然後撒上些許糖粉。

最知名的朱利普為**薄荷（波本）朱利普**與**香檳朱利普**。聞名
全球的**古巴莫希多**就是**蘭姆朱利普**。

水果並不適合朱利普。

9. 熱飲與咖啡飲品

酒吧熱飲絕不只是冬季限定飲品，雖然這類酒款的確在寒冷季節明顯比較熱銷。

熱酒飲會以耐高溫玻璃杯裝盛，其中的酒精僅微微加熱，而且不應煮沸。
酒精可以與下列原料混調：
熱咖啡
熱茶（格羅格）
熱水（格羅格、托迪）
熱葡萄酒
熱牛奶
另外還有熱果汁。

熱咖啡調酒
熱咖啡調酒是最常見，也最為人所熟知的酒吧熱飲。
其中的烈酒通常都會與糖（或紅糖）一起加熱，接著注入咖啡，充分攪拌，最後常會再疊上打發鮮奶油。若少了糖，鮮奶油就會散開，然後沉入酒液！最有名的熱咖啡調酒，就是愛爾蘭咖啡。

格羅格 Grog
使用的原料為檸檬汁、糖、加熱烈酒、熱水或熱茶，以及芳香型水果與辛香料（檸檬或柳橙皮，又或是丁香）。
格羅格的烈酒為亞力酒（arak）與／或蘭姆酒，但琴酒、白蘭地及威士忌也很

適合。

製法：以耐高溫玻璃杯加熱烈酒，再用熱茶或熱水滿上，並放入水果與辛香料。

熱潘趣 Hot Punch

原料為烈酒、水果、糖、水或果汁，以及辛香料。

製法：以耐高溫玻璃杯加熱原料，最後放入辛香料。此款調酒也能用果汁代替水。潘趣為長飲調酒，也還可做成冷飲。

熱紅酒 Mulled Wine

人們最熟悉的就是以紅酒做成的熱紅酒，但這類調酒也可以用白酒製作。製作熱葡萄酒的辛香料包括肉桂、丁香、檸檬皮與柳橙皮。

製法：以耐高溫玻璃杯加熱葡萄酒（切勿煮沸），接著放入辛香料。

托迪 Toddy

原料為烈酒、糖或蜂蜜、水或果汁。

托迪雖如同潘趣，但為短飲調酒。熱托迪以耐高溫玻璃杯製作，亦可做成冷飲。最知名的托迪調酒就是**威士忌熱托迪**。

冰咖啡調酒

冰淇淋與加了冰塊的冰咖啡，以及冰咖啡加烈酒（酒別加太多），兩者都是令人精神一振的提神飲品。

各位可以試試**黑玫瑰**（Black Rose）──冰咖啡加白蘭姆酒、糖，最後再撒上丁香粉與肉桂粉。

另外，冰咖啡需要糖的陪伴（！）如此才能釋放它的神秘力量──而且只有加了糖才美味。我已經數度大膽宣揚我對義式濃縮咖啡的熱愛，尤其是那最後幾滴依舊冰涼，且浸透了糖分與西班牙白蘭地的義式濃縮咖啡。

「冰咖啡，並不只是冰咖啡。」

10. 調酒盆 Bowls

原料為烈酒、葡萄酒或香檳、水果、香料香草與水。

雖然調酒盆不太稱得上是酒吧飲品，但我們應該至少要知道
它如何製作。

以下為兩種製法：

a）現做現飲的調酒盆。

b）事前準備，並保存在陰暗的冷藏環境數小
時或數天的調酒盆。放入水果與香料香草，
是為了增添烈酒與葡萄酒誘人的香氣。帶
有水果香氣的酒飲，在端上桌之前再
混合葡萄酒、香檳或蘇打水。
有時，也會在義大利的餐前酒吧看到
調酒盆，並稱之為**自製開胃酒**（aperitivo
de la casa）。

11. 潘趣 Punches

最著名的水果潘趣，從1700年代便已經出現，即**拓荒者潘趣**。潘趣的版本無數。不過，每一種潘趣都包含了各式各樣的水果與蘭姆酒的調酒。

在絕大部分的加勒比地區，拓荒者潘趣使用的是深蘭姆酒；法屬西印度群島則是僅採用白蘭姆酒，當地稱為「PLANTEUR」（播種機），其中通常混合了萊姆汁、柳橙汁、百香果汁或葡萄柚汁。加勒比群島一帶還有另一種特別的潘趣，叫作**小潘趣**（Petite Punch）或**白潘趣**（Ponche Blanche）：一份白蘭姆酒、一份蔗糖糖漿、萊姆與冰塊。

在馬丁尼克（Martinique）沿岸的漁夫酒吧中，能喝到白潘趣（當地稱為T潘趣〔'Ti Ponche〕），但此調酒的原料較單純，製法也更有效率：將水杯以白蘭姆酒滿上，再倒入兩湯匙的紅糖，以及¼顆的萊姆。另外，還有得到當地證實的預防宿醉最佳良方：鹽漬風乾魚。

水果潘趣也可以採用各式各樣的季節熱帶水果果汁。

12. 可樂達Coladas

主要原料為椰子鮮奶油、鮮奶油、果汁與烈酒。

可樂達是最熱門的熱帶調酒之一，其中最知名的調酒就是**鳳梨可樂達**（第158頁）。
其他有趣的新款可樂達，則是以不同果汁、不同糖漿或利口酒做成。
許多美味的新式可樂達，會使用香草利口酒**加利亞諾**（Galliano）或咖啡利口酒**堤亞瑪麗亞**（Tia Maria）、**干邑白蘭地**、**卡夏莎**或**卡魯哇咖啡酒**。

真正的**椰子鮮奶油**，則是以初榨椰肉製成，其中的油脂含量為35％。

椰奶則是椰子鮮奶油、二榨椰肉汁及溫水的混合液體。椰奶的油脂含量為10~20％。商店內販賣的椰子鮮奶油，其實常常都是椰奶。

13. 無酒精調酒與飲品
Nonalcoholic Cocktails & Drinks

原料為果汁、糖漿、牛奶、水與蘇打水。

今日的酒吧若是沒有供應無酒精飲料（幾乎全部都是長飲飲品），大概都會面臨營運困境。吧檯手在面對這類飲品時，可以將創造力無盡發揮。當然，最好以新鮮果汁與水果做成這類飲品。

不過對我而言，酒吧可不是什麼蔬果店！

所以，除了果汁與水果之外，還是要用各種糖漿、蘇打水（通寧水、苦檸檬水、薑汁汽水）與檸檬水等原料做成無酒精飲品。

曾經，酒吧裡的無酒精飲料非常有限：一、兩款礦泉水（無氣泡與有氣泡），以及新鮮果汁（大多是柳橙汁、葡萄柚汁與檸檬汁）。

無酒精混調飲品也相當稀少，而且主要就是番茄混調飲料，如**純真瑪麗**與**運動家**（Sportsman）。現在，絕大多數熱帶水果都能以果汁、果露或糖漿的形式取得，以這類原料做成的無酒精飲料通常十分受歡迎。添加一點點的想像力，就能做出相當美味的無酒精飲品。不過值得注意的是，糖漿與鮮奶油等原料都須謹慎處理。

當然，新鮮果汁與果泥都須立即使用，因為在無酒精飲品中，這類原料的飲品不僅適用於解渴，它們更是兼具健康概念的爽神飲料。

調酒技術

一杯好的調酒，不是很大一杯調酒

一杯調酒最重要的不是酒精強弱，也不是容量多寡，而是能否達到平衡。

為何不是每一位吧檯手都能做出同樣美味的調酒？因為，若是少了經驗與對於原料的瞭解，任何一杯調酒都難以美味。若是少了責任心、紀律，以及對這份工作的熱愛，更不可能做出一杯好調酒。

直覺再加上一點點的聰明才智，就能與眾不同！

一杯完美的調酒，該有什麼？

品質最佳的原料！也就是優質品牌的烈酒、新鮮果汁等。各位，我們要的是重質不重量！另外，即使是專業調飲人士，也應該時不時地提醒自己，調酒的原料通常不應該超過三種；只有極少數的特例，才會是越多種原料越好。

準確地瞭解原料！哪些原料應該放在一起？哪些原料應該特別謹慎地處理？哪些原料彼此協調？哪些原料又不應該一起搖盪？這些都有明確的混調指南。這類資訊對於某些人也許頗為實用，但是，專業調飲人士需要這類指南嗎？

瞭解一杯調酒的能耐與享用時刻

吧檯手與酒吧經常為了某些特定場合創造了「理想調酒」，
而名留青史。

即使如此，某些酒吧的經典調酒都是在某個尋常日子，在對
的時刻，遇見對的客人，再加上一絲絲幸運而誕生。

許多調酒能依據時刻與場合，分成不同的「調酒類型」。

例如，餐前開胃酒、餐後消化酒，以及解酒或宿醉酒。調酒
可以激起我們的胃口、提振精神，或是為一頓晚餐劃下美好
的句點。它們可以讓人再度神清氣爽或燃起朝氣。也能夠打
開話匣子、展開某段友誼，或讓煩惱消散，讓陽光照在事物
更美好的那一面。

一位優秀的吧檯手應該要知道調酒的能耐，當一杯調酒不僅
味美又悅目，這就是一杯完美的調酒。

完美調酒如何誕生？

調酒原料可以分為三大元素：
基酒、修飾物與風味劑。

1. 基酒 the base
許多調酒書籍都會以各種基酒分類。絕大多數調酒的主要原料幾乎都是由基酒擔任。

一般而言，一杯調酒中容量占比最大的就是基酒。基酒是定義調酒類型的原料。因此，**威士忌沙瓦**含量比例最多的就是威士忌，**琴蕾**則是琴酒，而**黛克瑞**的主要原料就是蘭姆酒。

當然，兩種彼此和鳴的烈酒也可以一起成為基酒。在某些罕見的調酒中，還會使用三種等比例的烈酒。

2. 修飾物 the modifier
是一杯調酒第二重要的部分。修飾物不應喧賓奪主，不應過於搶眼到改變調酒所屬類型的程度！威士忌調酒應該依舊稱得上是威士忌調酒，而琴酒調酒就該喝得出來是琴酒調酒。

修飾物用以與烈酒結合。它能定義一杯調酒的風味特質。若是少了修飾物，就只能做出一杯搖盪過或攪拌過的烈酒，而非調酒。

最常見的修飾物就是烈酒加葡萄酒、果汁、水或蘇打水。

3. 風味劑 the flavoring agent

以容量而言，這項原料在調酒所占比例最小。不過，比例雖——常常僅些許幾滴——卻是使調酒成形的精華。

風味劑的使用須尤其謹慎，只要多出一點點，就可能會使得一杯調酒變得難以下嚥。

為調酒添加風味、香氣與酒色的物質，可以是極少量的烈酒、利口酒、糖漿或苦精。

攪拌與搖盪的選擇

傳統上，我偏好波士頓雪克杯（Boston Shaker），這種雪克杯絕大部分的質材為金屬，僅一小部分為玻璃。不過，我最近也常常使用經典的兩節式銀製雪克杯。

許多自家廚房都有的含內篩小型雪克杯，現在似乎也有復興的趨勢。雖然我敬重的日本同事偏愛使用這類雪克杯，但我個人絕對不可能使用。

許多新日式風格的調酒製法，在今日變得頗為流行，例如硬搖盪（Hard Shake），或稱日式搖盪（Japanese Shake）。此種搖盪方式由日本東京傳奇調酒專家上田和男在1990年代發明，以手腕快速向前加速移動，會使酒液會變得相當冰冷。

如果是波士頓雪克杯，玻璃部分的酒液不會裝至杯緣，原料也因此能夠好好混合。不過，波士頓雪克杯中一次不應裝入兩杯分量的酒液。

製作一杯調酒時，在雪克杯裝入的方形冰塊約5~6顆；兩杯份量之調酒，則裝入3~4顆方形冰塊。

製作某些熱帶風格調酒時，我會用裝了碎冰的雪克杯搖盪，而不是使用攪拌機。如此一來，原料的混合狀態會較佳，完成的調酒也能較冰涼，同時不會如同冰霜類調酒一樣帶著刺激胃部的過冰。

另外，波士頓雪克杯的玻璃部分，也可以當作調酒攪拌杯。

原料的添加順序

關於原料的添加順序，存在各式各樣的建議。我很少從酒精開始，這也是我對於任何調酒製作過程的建議。

例如，製作**威士忌沙瓦**時，我會從檸檬汁開始，接著加入糖，最後以威士忌完成。由於並非每顆檸檬的強度都穩定一致，所以我在使用時會特別注意，也因此每次的用量不會都一樣。而且，某些較偏愛調酒甜一點的客人點「沙瓦」（sour）時，也須做些調整。

應該搖盪多久？

若要製作原料能快速融合的調酒，搖盪10秒就夠了。

不過，如果是混合得比較緩慢的原料（例如蛋、糖漿）時，就要有大約20秒的搖盪時間。

關於攪拌

哪些調酒應該以調酒攪拌杯製作？

1. 所有原料能輕易混合，而且又是冷飲的調酒（專業酒吧應安排冰鎮馬丁尼杯的地方）。

2. 所有經過搖盪會變得混濁的調酒。以攪拌完成的調酒常常都是經典調酒（例如**馬丁尼、曼哈頓**）。

在調酒攪拌杯放入大約6顆方形冰塊，以長吧匙攪拌（我會將吧匙倒反使用），由下而上地攪拌。從調酒攪拌杯倒出的冰塊不應重複使用。

須直接在飲用杯中攪拌的調酒類型

主要是無須搖盪就能良好地融合的調酒，可以直接在飲用杯中攪拌。

1）「單一烈酒」與「一種果汁」的混調，例如**柳橙琴**（Gin Orange）或**柳橙伏特加**（Vodka Orange）。

2）烈酒與蘇打水的混調，例如**琴通寧**（Gin and Tonic）、**檸檬伏特加**（Vodka Lemon）。

3）烈酒與香檳或氣泡酒的混調，例如**柳橙香檳**（Champagne Orange）、**金巴利香檳**（Champagne Campari）。

4）兩種烈酒倒入冰塊一起攪拌的調酒，例如**鏽釘**（Rusty Nail，蘇格蘭威士忌與吉寶蜂蜜利口酒混調）或**黑俄羅斯**（Black Russian，伏特加與卡魯哇咖啡利口酒混調）。

須使用攪拌機的調酒類型

自從熱帶風格調酒變得越來越流行，利用攪拌機混合調酒就越來越受歡迎。我個人沒有特別熱愛這種製作方式，但是今日的酒吧實在不能不備有一臺攪拌機！

含有果泥的調酒就必須用到攪拌機，例如水果黛克瑞（fruit daiquiris）。另一方面，冰霜的飲品對於腸胃真的不太友善，而且長期飲用可能對身體有害。

我在使用攪拌機時，都會選用碎冰。首先，我會在調酒攪拌杯倒入一吧匙的碎冰，再倒入原料（包括水果切塊），接著啟動攪拌機，並以低速攪拌約10秒鐘，然後轉為高速攪拌約10秒鐘。

如果希望做出更濃厚均勻的口感，可以在轉為高速攪拌之前，多加半湯匙的冰塊。

所有使用攪拌機處理的調酒，「甜味原料」的用量都應該微微增加一些，例如糖水或糖漿。

壓榨 Muddling

此法是以攪拌杵敲碎或拍碎水果或葉子。這真的不是什麼新技法，例如卡琵莉亞與莫希多一直以來都是以壓榨製成。不過，壓榨技法最近再度復興，而且在許多新酒吧都儼然成為一股潮流；如今，它也已成為一種標準技法。

順帶一提，許多最佳調酒，都是在1930年代的禁酒令期間發明。當時的吧檯手暗自不斷嘗試混合各式各樣的原料，不論是有酒精或無酒精的飲品，許多飲品都極有創意。今日的調酒創造力也正經歷類似當時的迸發景象，這是一場混調藝術的新冒險。

此外，香料香草、蔬菜與水果等食材都以頂級饕客餐廳的方式處理。我實在很難認真看待在吧檯後方以蔬果園丁自居的調酒師，但是，如果如此能增進調酒的品質，那麼我會全心擁抱這種做法。

壓榨——意指敲碎、拍擊、碾壓與搓碎，這些處理方式酒吧一直都在使用。因為使用新鮮水果與壓榨果泥，都已經變成現今製作調酒的關鍵環節之一。

當代酒吧讓這些技法變得更為精緻，並把它們推向如同科學實驗的極限。在此過程中，激發出了許多令人興奮的美味。

（當然，最好可以直接使用水果、植物與香料香草。水果必須立即品嘗，尤其是果汁，否則會迅速走味。所謂的「新鮮」果汁，就是不應存放數小時或數天，但不幸的是這種狀態很常見。比起長時間存放新鮮水果，也許直接使用大規模處理的優質瓶裝果汁反而最好。）

兩次濾酒 Double Straining

也稱為細濾。這種方式，就是將濾出的酒液再以細緻網眼的濾網過篩，除去最細微的殘餘顆粒。在越來越多調酒使用新鮮食材的狀態之下，想要做出一杯視覺上更清澈的飲品，就必須利用兩次濾酒。

新趨勢──實驗室

「吧檯後的日本武士」

經過某次長居日本的旅程之後，我對於日本吧檯手那謙遜與
專業的敬意，又更加深厚了。

上野秀嗣、上田和男與岸久等人共同打造的東京調酒學院，
以日本獨有的精緻，進一步豐富了調酒文化。

他們能僅以方形冰塊，就創作出一件件藝術作品。那不是單
純地雕刻方形的冰塊，而是一件件霜凍的精緻珠寶，他們能
在調酒裡做出鑽石般令人驚豔的冰塊點綴。日本調酒師協會
（Nippon Bartenders Association, NBA）擁有自家研究部門，
我的同事岸久是日本調酒師協會的研究部門總監，他發展出
一種不帶任何裂隙的軟冰，專門用於**琴通寧**；冰塊表面越粗
糙，通寧水的氣泡會越快冒出。

協會中也有吧檯手以相當特殊的節奏搖盪雪克杯，以讓調酒
原料達到最佳融合。這種新「日式搖盪」在全球各地擁有許
多崇拜者。

酒吧設備

酒吧的測量單位

本書調酒與飲品的酒譜單位都是盎司（ounces）。

單杯調酒的國際標準容量是最多2盎司。若是與冰塊一起攪拌或搖盪，會再增加¾盎司。

中杯調酒的容量為3盎司。

長飲調酒則是5盎司以上。在酒吧中，純飲或加冰塊的烈酒之容量為1½盎司，而加烈酒也是1½盎司。

國際酒吧的重要測量單位：

1 dash＝1 spritz＝數滴＝些許
1吧匙＝數份dash

1溶液盎司＝1波尼杯（pony ounce）＝28毫升
1½溶液盎司＝42毫升
2溶液盎司＝56毫升
½溶液盎司＝14毫升
¼溶液盎司＝7毫升

1份量酒器（jigger）＝1及耳（gill）＝1½溶液盎司

混調工具

雪克杯
調酒攪拌杯
攪拌器

酒吧濾器（Bar strainer）——不論是從雪克杯或調酒攪拌杯倒出，所有飲品在倒入飲用杯之前，都應經過濾器。酒吧濾器的唯一功能就是濾除冰塊。酒吧濾器邊緣的螺旋圈，讓它適用於任何尺寸的雪克杯與玻璃杯。

量酒器（Jigger）——較大的一端容量為1盎司，較小另一端容量則是¾盎司。

酒吧刀（Bar knife）
開罐器（Can opener）
軟木塞開瓶器（Corkscrew）

酒吧鉗（Bar tongs）

吧匙（Barspoon）

香檳鉗（Champagne tongs）——用於打開香檳的軟木塞

香檳瓶蓋（Champagne bottle stopper）

調酒籤叉（Drinking straws）

調酒攪拌叉（Coasters）

吸管

杯墊

冰桶

冰勺

冰夾

滴瓶（dash bottles）——尤其使用於苦精與柳橙苦精

水果擠汁器

刨皮器

木質攪拌杵

砧板

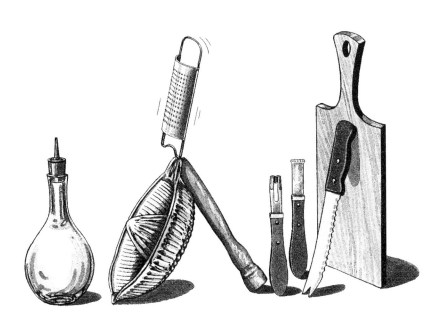

酒吧裡的玻璃杯

每一位吧檯手都希望遇到，形狀優美、簡約又經濟實惠的玻璃酒杯。

某些酒杯的造型大膽，通常由知名的玻璃設計師打造，但完全不適合酒吧的日常營業使用。

酒吧必備玻璃杯：

1) 開胃酒杯

2) 波特或雪莉酒杯

3) 沙瓦杯

4) 氣泡酒杯或長型香檳杯

5) 標準調酒杯

6) 馬丁尼杯

7) 冰岩杯（rocks glass）或古典杯

8) 高球杯

9) 可林杯

10) 葡萄酒杯

11) 愛爾蘭咖啡杯

12) 潘趣、格羅格或托迪杯（耐高溫玻璃杯）

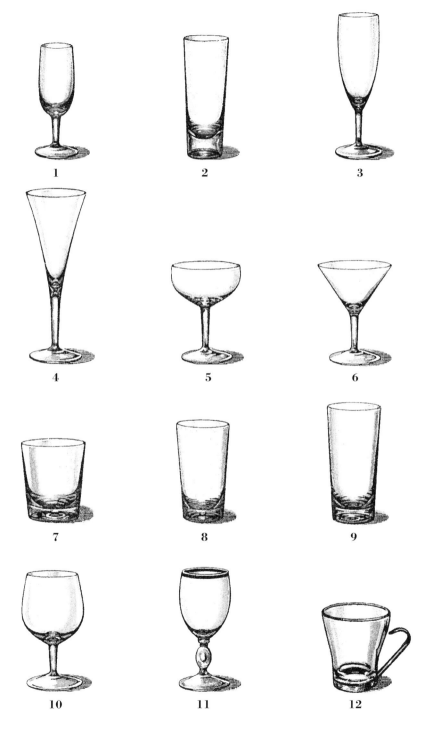

酒吧裡的酒瓶

這些酒瓶是每位專業調飲人士的驕傲與喜悅。它們會在吧檯手身後一字排開，讓總是在吧檯內穿梭的吧檯手觸手可及。在較受歡迎的烈酒身後，吧檯手通常都會再放一瓶準備替換的全新相同酒款。許多酒吧的前吧檯會內裝冷卻槽，用以放入須冷藏的果汁與烈酒。一間專業的酒吧會幾乎備齊所有知名的烈酒酒款。

調酒最重要的酒類：
琴酒
伏特加
白蘭地
威士忌
蘭姆酒與卡夏莎
梅斯卡爾（mezcal）與龍舌蘭
香艾酒
利口酒
水果白蘭地

檸檬水、水與汽水
通寧水與苦檸檬汽水
薑汁汽水、七喜汽水
可樂
礦泉水（無氣泡與有氣泡）
蘇打水

酒吧裡的果汁

什麼是酒吧裡最重要的果汁？如果我在酒吧只能使用一種果汁，我會選擇檸檬汁（而且必須現擠）。少了檸檬汁，不論在世界任何一間酒吧，我絕對不會站進吧檯內，就算這間酒吧多麼知名。它是經典調酒——「沙瓦」的果汁，甚至可能是調酒歷史開端就存在的果汁。

琴費茲、黛克瑞、威士忌沙瓦等，都是一旦少了新鮮現擠檸檬汁，就如同「無果汁，毋寧死」的調酒！因此，柳橙汁與檸檬汁絕對必須是新鮮現擠。

若是非現擠，僅能使用品質最佳的果汁：冷凍產品通常會比瓶裝或盒裝果汁更好。

番茄汁（只能使用品質最佳的產品！）
鳳梨汁（未加糖）
葡萄柚汁
萊姆汁（玫瑰牌萊姆汁）
芒果、百香果、木瓜等

瓶裝果汁使用前請先搖晃！

砂糖糖漿與水果糖漿

在許多流行調酒風格中，我覺得特別有趣的，就是自製糖漿的復興與創新。

儘管如此，我依舊認為使用專家完成的自製糖漿才比較合理。能夠妥善地進行浸酒，或為烈酒增加香氣，還須一定的知識程度。詳情請見以下內容！

最簡單的方式，就是直接壓碎、壓泥或搖盪植物、香料香草與水果原料（請使用最高級的食材），這是近來再度復興的技巧，我認為是製作優質調酒的傑出技法。

砂糖糖漿，也被稱作是樹膠糖漿（gum syrup/syrup de gomme），其製法相當簡單。在熱水中攪拌糖，並使之沸騰。撇除上層物質、放涼，接著倒入瓶子並存放於涼爽乾燥處。混調比例為每公斤（1磅或2⅔杯）白砂糖搭配1杯水。

水果糖漿，就是天然果汁與糖一起煮沸的產物。水果糖漿也是混調調酒相當關鍵的原料，通常數滴就已足夠。

石榴糖漿呈血紅色（以石榴汁做成），是首屈一指的水果糖漿。它不僅是許多調酒的甜味來源，也是賦予酒色的原料；依用量多寡，顏色從深紅至粉紅不等。

其他糖漿：

龍舌蘭糖漿

楓糖漿

蘋果糖漿

香蕉糖漿

覆盆子糖漿

萊姆糖漿

扁桃仁牛奶糖漿（糖漬柳橙皮）*

芒果糖漿

百香果糖漿

木瓜糖漿

胡椒薄荷糖漿

蔓越莓糖漿

巧克力糖漿

甘蔗糖漿

與

椰子鮮奶油

椰奶

* 編注：原文為Almond milk syrup (candied orange peel)，
亦稱作扁桃仁奶，可加入糖漬柳橙皮增添風味。

賦予香氣

感謝克里斯多福 · 佛烈德利赫（Christoph Friedrich）博士對本文內容的貢獻

香氣的萃取歷史本身就與蒸餾歷史一樣古老。最初，蒸餾的目標是利用放入植物與植物的某些部位，以增添酒精的香氣，或是透過酒精釋放植物的治癒療效。

如今發展為大規模生產的利口酒，就是源自鍊金術師、化學家與醫生之間創造出來的傳統。現代大規模生產的優勢在於產品的存放壽命延長，以及做到範圍廣大的品質控制，這樣一來，也確保了穩定一致的風味。

如今我們又為了各種經濟理由，不斷添加人工合成原料與數量驚人的精煉糖，而付出的代價就是風味。正因如此，越來越多吧檯手正著手嘗試製作自家糖漿、苦精與利口酒。

除了把植物泡進熱水中，或是混合水果糖漿與糖、酒精及水等最簡單的做法，其實還有其他萃取植物精華的方式。

我們可以根據原料被分解萃取的難易度，或是預計萃取何種物質等因素，來決定植物應浸泡於水、糖液或酒精。若是使用糖漿，很明顯地，就要考慮糖漿本身的風味，例如蔗糖、甜菜糖、果糖等。

使用酒精時，體積酒精濃度則扮演關鍵角色：當體積酒精濃度較高時，精油、油脂與樹脂會比較容易溶解；而體積酒精濃度較低時，則是比較容易萃取出單寧、苦味、有機酸與糖分。浸泡萃取物質的液體溫度是溫熱或冰涼，也會產生不同結果。

低溫液體萃取，也就是我們熟知的浸漬（macerations）。這種萃取方式很適合茴香、羅勒、辣豆（chili beans）、接骨木花、薰衣草花苞、薄荷葉、迷迭香、帶核水果、肉桂棒與柑橘類果皮。

高溫液體萃取則是蒸煮（digestion）。這種萃取方式會較快速且更徹底，因為隨著溫度增加，風味的溶解度也會上升。不過，一旦溫度增加，也會釋放出不討喜的物質，其他較不穩定的物質也可能被破壞。

萃取時間也是關鍵，因為不同的風味與顏色會在不同的萃取階段釋放。例如，短時間浸漬會釋放清亮、容易消逝與花香調的芳香物質；苦味較高的物質則需要更長時間的浸漬。

說到底，最最重要的依舊是經驗。在萃取過程不斷品嘗是非常重要的，如此也才有機會在途中改變萃取狀態，例如增加一點糖或酒精。

自家萃取的物質，對於光照、溫度與酸等環境狀態都很敏感，因此必須存放在涼爽乾燥之處。再者，真菌與細菌也可能使萃取物質減損風味與沾染毒性。不過，高酒精濃度的原料可以阻絕這類微生物的形成。如有必要，萃取後進行加熱也可以幫助殺菌，雖然也可能減損風味。

在理想的條件之下，萃取物質能夠隨著存放過程逐漸熟成，尤其是可以偶爾搖晃一下。

苦精

安格仕苦精——體積酒精濃度44%，酒吧排行第一名的草本苦精。安格仕苦精原是為了製作醫治瘧疾的藥物，由德國軍醫約翰・西格特（Johann Gottlieb Benjamin Siegert）在1825年，於委內瑞拉的安格仕市（Angostura）為研究製作。

安格仕苦精以草本萃取物製作；除了安格仕樹皮，還包含了許多芳香型植物萃取，如肉桂、金雞納樹皮、丁香、柳橙皮、豆蔻與薑，據說其中包含超過40種原料。其萃取成分配方，如今依舊是商業機密。

柳橙苦精——體積酒精濃度40%，酒吧受歡迎排名第二名的草本苦精。以一鍋泡在酒精（幾乎都是琴酒，但不放糖）的苦橙皮（未成熟的苦橙）做成。

桃子苦精——體積酒精濃度30~40%，添加桃子風味的苦精。

杏桃苦精

貝橋苦精（紐奧良苦精）——關於貝橋苦精的製作資訊，請見本書〈調酒苦精〉（第313頁）。

調味料、辛香料、芳香物質

鹽與胡椒

芹菜鹽

塔巴斯科辣椒醬

伍斯特醬

橙花水

豆蔻

丁香

肉桂

橄欖油

番茄醬

玫瑰油

糖與增甜劑

方糖

糖粉

極細砂糖（fine bar sugar）

紅糖

蜂蜜（液態）

其他

蛋

鮮奶油

牛奶

苦味巧克力

酒吧裡的蔬菜與水果

檸檬、萊姆、柳橙、鳳梨與各式各樣的熱帶水果

調酒裝飾

調酒用帶梗櫻桃（瑪拉斯奇諾櫻桃）

調酒用甜櫻桃（酸櫻桃〔amarelle cherries〕）

檸檬（切片、切塊、皮、刨碎絲、扭轉皮）

橙橘切塊、皮

鳳梨切塊（不是罐頭鳳梨──我反對罐頭水果！）

綠橄欖（只使用浸漬於鹽水的，如製作馬丁尼）

珍珠洋蔥（製作吉普森）

薄荷（製作朱利普與莫希多）

去皮芹菜莖（製作血腥瑪麗）

小黃瓜片（製作皮姆）

預切水果片：這種處理方式依照營業安排而定。對於酒吧尖
峰時刻而言，應該頗為必要且實用。不過……

裝飾與點綴

我實在不懂為何在所謂的「調酒比賽」中，每一杯調酒都要裝飾與點綴得像是從連鎖店端出來，而且這樣的做法至今似乎依舊能左右評審的判斷。只要看見小雨傘、小旗子與小吸管，還有一旁的小水果丁，也許就可以假定大概又是一杯滿糟糕的酒。

在這方面，發揮「創意」的空間真的完全無限，只要吧檯手高興，想在杯中丟什麼，就可以丟什麼。

對我而言，調酒不是什麼水果或蔬菜沙拉，而且與小雨傘或國旗絕對不搭。

因此，害怕吧檯手可能擁有這類想像力的酒客，才會在點酒時附上一句「別放蔬菜，謝謝！」我個人認為這句相當妥切——為何要在馬丁尼裡放進鑲料橄欖呢？

鹽圈或糖圈

沾有鹽圈的酒杯杯緣，會以檸檬切塊打濕；沾了糖圈的酒杯，則以柳橙切塊打濕。

接著，可以撒進一點點鹽或糖，稍稍扭轉一下這杯調酒的風味。對於希望杯緣沾有鹽圈或糖圈的點單，我都會留下一小部分未沾任何東西的杯緣。

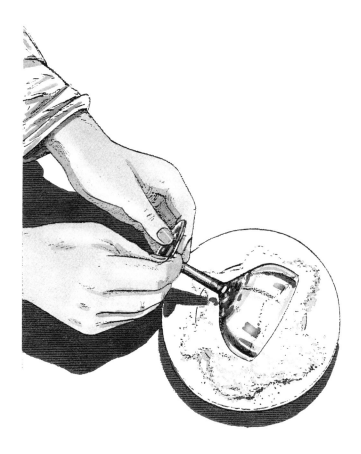

千萬別這麼做！

請別在我的酒杯裡放入鑲料橄欖。

請別用年份烈酒調酒。這類酒款適合純飲。

請別把最昂貴的飲品賣給負擔不起的顧客。優秀的吧檯手是能夠分辨的。

請別將酒液滿至杯緣，端上桌或顧客飲用時才不至於灑出！

請別在調酒離開吧台前，用吸管或湯匙嘗嘗味道。這是許多吧檯手的壞習慣。

請別把琴酒與伏特加混調在一起。惡魔不喜歡聖水。

請別加入太多酒精，拜託。不是每個人都像美國總統老羅斯福（Teddy Roosevelt）一樣能喝。謠傳，老羅斯福會以薄荷朱利普搭配大量波本威士忌。

關於酒吧酒單的一點個人建議：

拜託，別取一些充滿想像力的馬丁尼酒名，尤其是那些與這款調酒之王完全無關的酒名。馬丁尼就是馬丁尼！

酒單不是調酒書，而關於調酒，也不該像是高冷侍酒師口中那些對葡萄酒風味的描述。酒單範例之一：「一款特殊的沙瓦，基底為清雅的法式琴酒，添加些許綠仙子（Green Fairy）艾碧斯，並以糖、新鮮萊姆汁與增加柔潤口感的蛋白平衡風味。」

然後拜託，不要在酒單上寫小說！仔細想一想，真的有必要一再提到名人、作家、政治家與好萊塢巨星們的飲酒習慣嗎？這些都是書籍與網路該負責的事。我個人認為，酒單裡沒有任何角落可以放這些趣聞軼事。海明威去哪間酒吧會不喝酒？

有什麼好插手的？改善一杯已經準備完美的飲品與烈酒，這種行為堪稱瘋狂。頂級烈酒擁有自身的風味與特色，為何還要幫它添加香氣或泡些什麼？

國際酒吧的重要專有名詞

After-dinner cocktail 餐後酒——用餐之後享用的飲品（又稱消化酒）。

Aperitif 開胃酒——讓胃口大開的飲品。

Bar glass 調酒杯——用以混合或攪拌的玻璃杯。

Barkeeper 酒吧老闆——酒吧擁有者。

Barspoon 吧匙——用來在調酒攪拌杯中攪拌飲品的長型湯匙。

Bartender 吧檯手——在酒吧混合並端上飲品的人。

Before-dinner cocktail 餐前酒——用餐之前享用的飲品（又稱開胃酒）。

Blend 調和——產品製作過程混合不同酒液，例如威士忌酒款（麥芽威士忌與穀物威士忌的調和）。

Blender 攪拌機——以電力作為動力的混合攪拌機。

Boston shaker 波士頓雪克杯——以玻璃與不鏽鋼製成的美國雪克杯。

Bowl 盆——金屬或玻璃材質的容器。

Brand 品牌

Brut 不甜——用於香檳，或稱為「dry」。

Built in glass 直接注入法——直接在準備飲用的酒杯中製作飲品（經過攪拌）。

Chaser 隨酒飲——在調酒間飲用的無酒精飲料，例如果汁、蘇打水。

Coaster 杯墊

Cordial 利口酒——又稱為「liqueur」。

Crushed ice 碎冰

Crust 糖圈——調酒杯緣沾上一圈糖。

Cup 杯

Dash 些許──酒吧最小的含量單位（絕大多數使用於苦精、糖漿、利口酒）。

Decanting 醒酒──將瓶中出現沉積物的老年份葡萄酒倒入另一容器，常用於紅酒或加烈酒（年份波特、馬德拉）。

Digestif 消化酒──享用晚餐之後的飲品。

Dry 不甜

Flavoring agent 風味劑──為調酒原料，例如糖漿、苦精。

Float 漂浮──將少量液體小心謹慎地倒在調酒頂部，通常為烈酒，例如將一點點白蘭地倒在香檳朱利普頂端。

Frosted glass 霜凍酒杯──冰凍的玻璃酒杯。

Grind 研磨──磨粉或磨碎（例如豆蔻）。

Ice cube 方形冰塊

Juice 果汁

Label 酒標

Magnum 大酒瓶──容量雙份的酒瓶（香檳）。

Millésimé 年份香檳

Mixing glass 調酒攪拌杯──用來攪拌調酒的玻璃杯。

Modifier 修飾物──為調酒原料，例如烈酒、果汁或糖漿。

Muddler 攪拌杵──壓榨方糖、草本、萊姆等原料的杵。

Mug 馬克杯

Neat 純飲──未進行任何混調。

Nutmeg 豆蔻

On the rocks 加冰塊

Peel 皮──例如柑橘類水果的果皮。

Pitcher 壺──例如裝水用的水壺。

Plain 純飲──不添加任何東西（例如威士忌純飲）。

Prechilled glasses 冰鎮酒杯──使用前經過冰鎮的酒杯（例如

馬丁尼杯）。

Proof 標準酒度——標示酒精含量的單位之一；標準酒度100的酒液，體積酒精濃度為50％。

Salted rim 鹽圈——酒杯杯緣沾上一圈鹽。

Sec 不甜——用於葡萄酒，或稱為「dry」。

Sediment 沉積物——老年份葡萄酒中的沉澱物質，例如年份波特、雪莉等。

Shaker 雪克杯

Short drink 短飲飲品——以小型酒杯裝成的飲品（60~80毫升或2~3盎司）。

Sparkling water 氣泡水——碳酸汽水。

Squeeze 擠

Squeezer 擠汁器——壓榨出水果果汁的工具。

Stir 攪拌

Straight up 冰鎮純飲——未經過混調，但以冰塊冰鎮過。

Strainer 濾器

Straw 吸管

Sugared rim 糖圈——酒杯杯緣沾上一圈糖。

Sundries 酒吧小食

Tall drink 長飲飲品——以大型酒杯裝成的飲品（160毫升或5盎司以上）。

Tumbler 平底杯——無梗古典杯的一種。

Twist 扭轉——在酒杯上方扭轉一小片果皮（例如檸檬或柳橙皮扭轉）。

Whipped cream 打發鮮奶油

Vintage 年份——用於波特、香檳等酒類。

Zest 刨碎絲——檸檬或柳橙皮有顏色部分的小碎片。

酒吧食物

若是沒有備上幾道小餐點，酒吧根本不應開張。我們在30多年前開張時，就不得不接受這一點。剛開始，我們只有準備了一般的火腿起司三明治，過了一陣子多加了幾道湯，接著，傳奇的烤牛肉佐炸馬鈴薯也誕生了。我們偶爾會提供主菜，主菜隨後會漸漸發展成我們的每日特餐；餐點的供應時多時少，但一定都備有食物。有的客人什麼都嚐到了，也有的什麼都沒嚐到。那時我們的酒吧偏向家庭式，就只是馬克西米利安街（Maximilianstraße）上的舒曼酒吧。

我們搬到霍夫加登（Hofgarten）那兒之後，餐點才變得更重要。而我們，也變成了一間調酒餐廳。

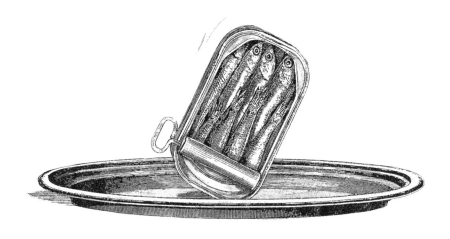

酒吧小食：墊胃食物

酒吧食物擁有悠久的傳統。1930年代的酒吧書籍中，就包含了數百道三明治食譜。即使如此，這些三明治其實都十分類似，味道強烈且濃郁，通常會塞滿火雞與火腿，以及許多蛋和美乃滋——這些可是讓酒量大增的完美墊胃食物。

新鮮現做的三明治，依舊是最簡單且最受歡迎的酒吧食物，而且一路到凌晨皆然。吧檯手在這方面的創意依舊無限。

經典酒吧三明治有：鮪魚、蛋、美乃滋、火雞、雞肉、鮭魚與火腿等，若是在舒曼酒吧，當然還有烤牛肉。

一份酒吧該有的優質三明治，要從麵包開始。對我們的酒吧而言，最重要的是只用品質最棒的白麵包或全小麥麵包。三明治的其他原料當然也十分重要，包括牛油，也許再加一點點美乃滋，以及一點點萵苣。

每一種食材都是新鮮現做，這點十分重要。那些事先做好放在廚房的三明治，會和塞在麵包與餡料之間某處的萵苣一起漸漸枯萎，這模樣真的很糟糕。

盤子要是圓的！

對我來說，盤子應該要是白的、圓的，尺寸為小或中型。許多時下酒吧流行的那些布滿呆瓜裝飾的盤子，我個人實在不是很喜歡。

我不會把任何食物擺在這種盤子上，然後端出去，我當然也不希望要用這種花托吃東西。如果是堆在開胃小點匙（amuse-bouche spoon）的食物這類「來自廚房的問候」，而非以盤子裝盛，對我來說也是很陌生的作法。也許很適合某些活動或場合，但不適合酒吧。

基本食材

洋蔥、嫩韭蔥（leek）、橄欖油、鹽、胡椒、水煮馬鈴薯、醋、油漬鮪魚、油漬沙丁魚、全熟水煮蛋與火腿（生或煮熟）——這些就是組成三明治的基本食材。吧檯手光是用簡單的食材，就能創造出許多美味食物。例如，一份油漬沙丁魚搭配全熟水煮蛋的簡單三明治，就已經是無與倫比的美味，自製法式肉醬（pâté）也是同樣好吃。

一大盤擺滿了冷的烤牛肉、肉類與火腿，而且沒有任何蔬菜的拼盤，就是所謂的冷肉拼盤（assiette anglaise）。這道食物在法國已有很長的歷史，如今依舊是酒吧菜單的標準餐點。我個人還推薦天然風乾肉類（Bündnerfleisch），或「小型法式臘腸拼盤」上各式各樣的臘腸。一份擺盤漂亮的薩拉米（salami）與起司拼盤，也同樣無懈可擊。

小份餐點

小匈牙利燉牛肉（small goulash）依舊是奧地利地區咖啡館的標準餐點。這道菜也很適合酒吧。

燉肉料理在冬季一直都很受歡迎。當天氣漸漸變冷，在酒吧裡享受一杯優質葡萄酒的同時，就非常適合點一道扁豆湯搭配水煮義式豬肉香腸。

法式燉湯火鍋（Pot-au-feu）是一種蔬菜與肉類的燉鍋，適合任何季節享用，豆子與馬鈴薯湯搭配肉類也是。

當然，我們也別忘了暖心的**經典煙燻牛肉三明治**（pastrami sandwich）——自1930年代起，就是全美酒吧的經典餐點。

主食

舒曼酒吧的主食通常很簡單，例如烤牛肉、漢堡、牛排、肋眼（entrecote）或菲力（filet）。主餐餐點的分量不應過多，食材品質絕對必須採用最優質。

某些國際酒吧會在特定日子時，供應當日特製主菜。在舒曼酒吧，目前是週四供應韃靼（tartar），這道菜很受某些客人喜愛。

關於調酒佐餐

現今，某些飲品專家會針對一道道餐點提供不同的調酒。我個人無法接受。這種方式讓我覺得很像是傳統上，在一道道菜餚之間斟上蘋果白蘭地，為的是喚起賓客的胃口，讓他們能繼續吃下另一道菜。這種愚蠢的習俗來自法國諾曼第（Normandy），稱為「trou Normand」，意指餐間酒。

如果每一道菜都伴隨一杯調酒，誰還能或應該在葡萄酒的陪伴之下，度過漫長的一餐。

劃下美好的句點

為一餐收尾的咖啡，絕對值得最高度的謹慎對待。不幸的是，在許多餐廳與部分酒吧中，咖啡不知為何總是被輕視。那些咖啡通常都喝起來很糟糕，而且沒有任何克利瑪（crema）。

能成功為美好夜晚畫下句點的酒類，例如甜酒、波特、雪莉或加了冰塊的麗葉（Lillet）利口酒等。熟知自家餐後消化酒的吧檯手，也會向客人推薦干邑白蘭地或冰鎮純飲威士忌，為今晚做美好的收尾。

右圖譯文：吧檯手這一行，古老且光榮。它並非是一種職業，而我也無法同理那些試圖使它成為不是它樣子的人。稱吧檯手為教授或調酒師的想法，都是無稽之談。

在我經營酒吧的這些年裡我學到一些教訓，這對即將成為酒吧老闆的人可能會有幫助。吧檯手應該把鬍子刮整齊，他們的手和指甲也要保持一塵不染。一個好的吧檯手，會穿著清新的白色亞麻大衣，而我個人則著迷於康乃馨色。我不認為黑色羊駝大衣能作為吧檯手的制服。這些衣物會隨著不斷洗滌、混合和烘乾而顯得斑駁，此外，毛巾上的棉絨也會脫落，使它們看起來非常不整潔。我希望，在更好的酒吧裡，能看到傳統行業的復興。

摘錄自派翠克·蓋文·達菲（Patrick Gavin Duffy），《正式調飲手冊》（*Official Mixer's Manual*）

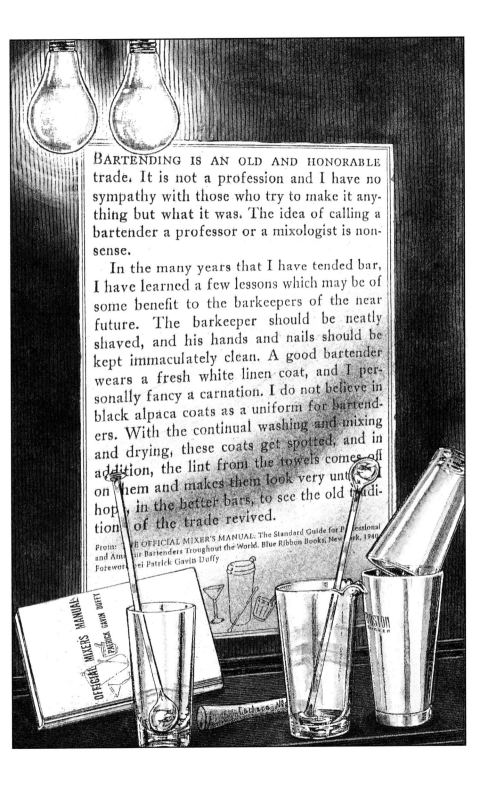

BARTENDING IS AN OLD AND HONORABLE
trade. It is not a profession and I have no
sympathy with those who try to make it any-
thing but what it was. The idea of calling a
bartender a professor or a mixologist is non-
sense.

In the many years that I have tended bar,
I have learned a few lessons which may be of
some benefit to the barkeepers of the near
future. The barkeeper should be neatly
shaved, and his hands and nails should be
kept immaculately clean. A good bartender
wears a fresh white linen coat, and I per-
sonally fancy a carnation. I do not believe in
black alpaca coats as a uniform for bartend-
ers. With the continual washing and mixing
and drying, these coats get spotted, and in
addition, the lint from the towels comes off
on them and makes them look very unti
hop, in the better bars, to see the old tradi-
tion of the trade revived.

From: THE OFFICIAL MIXER'S MANUAL; The Standard Guide for Professional
and Amateur Bartenders Troughout the World. Blue Ribbon Books, New York, 1940.
Foreword bei Patrick Gavin Duffy

吧檯手

當代酒吧

經典美國吧檯手正逐漸凋零。近幾年，「當代酒吧」掀起了
一場革命，而吧檯手這項職業因此經過重新檢視與詮釋。吧
檯手現在自稱為酒吧顧問、化學家、鍊金術師或「吧檯後的
秘密主廚」。

今日「健康酒吧」（fitness bars）與「地下酒吧」
（speakeasies）等名詞，都言過其實。現代酒吧似乎什麼問
題都能治癒。水果與蔬菜用棧板一箱箱地搬進酒吧。菜市場
可以買到的任何東西，都會被「當代調酒學家」加以浸泡、
浸漬、添加香氣、切碎、壓榨與裝飾，創造出獨家酊劑與香
精。

真正酒吧靈魂最主要的規則——「別放蔬菜，拜託！」好像
已經被遺忘。或是老派愛酒人的口頭禪：「孩子們，我們喝
威士忌的時候別過來。」

如何訓練成為一名吧檯手？

吧檯手如今再度成為極具魅力的職業。即使如此，依舊很難激起年輕人對調酒行業的熱情，年輕人並不只想要短暫地在吧檯後面施展一些小魔法。

入行前都必須向他們好好事先聲明：少了磨練，不可能成功！

訓練通常是飯店酒吧服務生培訓的一部分。不僅是飯店酒吧，如今，世界各地都有許多新成立的酒吧，一間間都野心勃勃地發展飲酒文化，在這些地方能精確且全面地學習這門專業。調酒學校可以獲得理論知識，但是，與經驗豐富的吧檯手一起在吧檯後面工作，依舊是最棒的學習路徑。

我經常被問到，完美掌握混調調酒這項技術必須花多少時間。一本來自1950年代的知名調酒書說，只要確切地按照酒譜，而且最重要的是採用頂級食材（一間優質酒吧必須做到），其實就不會做出糟糕的調酒。這句話當然完全是事實，但是，也沒那麼簡單！

調飲只是成為一位優秀吧檯手的其中一部分。

進階訓練

必備條件就是紮實的專業知識與持續精進的意願，當然還有在發明新款調酒方面保持謙遜。調酒世界幾乎很難有稱得上新發明的酒款。任何夢想自己創造新款調酒的人，都應該經常閱讀調酒書籍。一定會常常看到自己「準備轟動酒界的新創作」，早就印在某些書上了。

想要認真學習的入門者，一定要有出國工作的經驗，即使那份工作的待遇不佳。除了調酒職業，其他專業很少有如此多獲得全球工作經驗的機會。

吧檯手自身也應該知道幾種不同語言，如此一來，才能與來自世界各地的客人回應。

工作與生活

吧檯手的生活通常都是夜間工作，因此這個職業非常勞累。若是沒有良好的身心狀態，是不可能做到的。這也是為什麼為這份工作調整生活的同時，也代表上班時應該保持零酒精！

許多傑出的調酒專家，都不曾把這句警語放在心上；而絕大多數，也都因此離開了這門行業。

工作環境

有時候，吧檯後的模樣必須變得如同生產線。為了成功度過這些時段，吧檯手必須擁有備料充足的工作環境，以及條理分明的完美組織。

這是讓工作期間保持有趣好玩及愉快心情的唯一方法。乾淨

的服飾是基本標準。再者，吧檯手不可在吧檯內飲酒。

酒吧老闆如同訓練導師

理想上，新手入門者的訓練起點，是一間擁有模範老闆的好
酒吧。
負得起責任、熟悉顧客且經驗老道的吧檯手，也相當關鍵。
他們能穩定酒吧——即便是在節奏不太和諧的夜晚裡。
每一間優質酒吧也絕對必須擁有年輕員工。一旦少了新鮮又
充滿好奇的年輕活力，往往只剩下例行公事，一切單調乏
味，毫無激發嶄新想法的衝勁——這般的停滯，是每一位優
秀訓練導師都心知肚明的。

與客人打交道

吧檯手不是假日藝人，也不是馬戲團主持人。

吧檯手應該是一位沉靜且訓練有素的顧問，以不迷倒客人的
方式引導他們，而且絕對不會讓客人醉倒。當吧檯手尊重客
人，就會得到客人同等的尊重。而一位好的酒吧店員，要做
到在場、也不在場的氛圍。他們細心但不引人注目，他們同
時是好的心理學家與職人。迎合討好與博愛會破壞這一切！
吧檯手會認識常客，也熟知他們的飲酒習慣。他們也必須能
夠應對不好處理的酒客。而這需要多年的經驗。一份好的酒
譜，不代表一定能做出一杯完美調酒。吧檯手應該讓客人在
無須過多言語之間，瞭解他想要的是什麼。
吧檯手也應該在無須太過動怒的狀態下，讓破壞酒吧的客人
知道這裡不是他的地盤。
吧檯手不會向客人推銷店裡最昂貴的飲品，也會照顧客人讓
他們不致混酒，同時還能悄悄評估客人的酒量，以及他們的
經濟狀態。
吧檯手遠遠不只是一位傑出的混調者──他們是優質顧客眼
中的好客主人，是難相處客人的馴獸師，是悲傷客人的心理
諮商師。聽起來很簡單，但這真是最難以學習的面向之一。
吧檯手應該具備知道什麼場合、誰、什麼時間點，適合什麼
飲品的直覺。永遠不要忘記，最重要的客人就是「你失去的
那位」！

酒吧擁有者

酒吧之所以能順利運轉，就是酒吧老闆集結了一支優秀的團隊。當酒吧老闆與員工們都能彼此互相尊重，一切才有可能成形。酒吧的名氣很少是由酒吧老闆促成，而最理想的狀態，就是酒吧擁有者也曾經擁有在吧檯後方工作的經驗。

一間酒吧可以也應該讓人賺到錢，但是想要以酒吧迅速地賺大錢，本身就是相當錯誤的觀念。此外，一間酒吧也同時擁有社會與文化責任。

酒吧是人們眼中的客廳，能讓人有回到家的感覺，也有能隨意離去的自由。

基酒 A ~ Z

ABSINTHE 艾碧斯

這是一種風味由苦艾（wormwood）、茴香以及茴香芹（fennel）定義的烈酒。傳統上，這些草本植物，再加上香蜂草（lemon balm）、八角與牛膝草（hyssop），會浸泡於酒精，或蒸餾之後再與蒸餾產生的酒精（葡萄酒）一同再蒸餾。以含有葉綠素植物進行的新浸漬法，讓典型艾碧斯擁有翡翠般鮮綠的酒色（當然也增添了香氣），但酒色與香氣只有在酒精濃度達到至少68％時，才能維持穩定；罕見的紅色艾碧斯，最初則是以木槿花染上顏色。絕大多數的現代艾碧斯苦艾酒，在犧牲了美味下，選擇以天然或人工的色素增添酒色。而不及格的艾碧斯則是以中性酒精、芳香精油與糖混調製成。

艾碧斯苦艾酒傳說中使人痛苦與瘋狂的神秘效果，則應歸咎於飲用過量「酒精濃度高且蒸餾過程不太衛生」的烈酒（包括梵谷的割耳事件），因此該酒在20世紀初，被大多數歐洲國家與美國禁止。至於苦艾中的神經毒素側柏酮（thujone），許多廚房裡常見的香料香草也都有更高濃度的含量，例如迷迭香（rosemary）、鼠尾草（sage）與百里香（thyme），根據今日的醫藥知識而言，側柏酮也並非某些艾碧斯會使人產生幻覺、感到漂浮的單一原因。艾碧斯與其他烈酒，例如蕁麻利口酒（Chartreuse），之所以有驚人的效果，可能來自其中各式各樣香草與萃取物的特殊組成。

相較於這類尊貴的修道院利口酒，艾碧斯在1900年代，被視為反中產階級的輟學生們的動亂藥物，再加上影響力強大的葡萄酒遊說團體，擔心市場會被大量生產的便宜艾碧斯瓜分，一切都將艾碧斯逐漸帶往全面禁止。

A

法令仍將側柏酮當作主要嫌疑犯，因此，即使艾碧斯的禁令在1981年解除時，歐洲全境的側柏酮最高含量依舊是35毫升／公升（一直要到2007年，艾碧斯才在美國合法）。不過，不少東歐國家的側柏酮法定含量都比較高。

艾碧斯合法之後，市面便湧進眾多劣質產品（光是德國，就有超過400個艾碧斯品牌）。生產過程受到法律監管的艾碧斯，只有來自其原產家鄉瑞士的酒款；若是瑞士生產的艾碧斯酒標以法文拼寫且字尾為「e」時，代表可能不含糖，或是酒色與香氣僅源自於蒸餾過程。許多瑞士艾碧斯品牌的酒款品質都有口皆碑，例如Brevans、Duplais、Kübler。在法國，波西米亞人將艾碧斯當作前衛毒品，並賜名「綠仙子」，這裡也有相當優質的艾碧斯，例如Versinthe、Fougerolles。另外，品質絕佳（售價也極高）的Segarra艾碧斯則來自西班牙。其他知名的艾碧斯品牌包括德國的Tabu、英國的La Fée，以及來自捷克共和國的Hill；茴香含量較低的艾碧斯在捷克地區比較受歡迎。

由於艾碧斯苦艾酒擁有高酒精濃度（45~70%），而且味道相當刺激，所以鮮少直接純飲。在傳統的艾碧斯稀釋過程中，會先將艾碧斯倒入高腳杯，杯上放了一支特製的穿孔湯匙。然後將一顆方糖放在湯匙上，並緩緩滴入開水。如同所有採用茴香原料的烈酒，艾碧斯會在接觸水的剎那變成不透明液體（→茴香〔aniseed〕）。在美國，**馬丁尼**添加艾碧斯的喝法曾經紅極一時。艾碧斯在法蘭克・梅爾的**艾碧斯二號**以及**賽澤瑞克**兩款調酒中，扮演關鍵角色。

ACQUAVITE 義式蒸餾酒

義大利語，代表蒸餾烈酒，高品質的葡萄蒸餾酒（aquavite d'uva）指的常常就是渣釀白蘭地（grappa，一種葡萄蒸餾酒）。相較於渣釀白蘭地，義式蒸餾酒不會只使用果渣蒸餾，而是採用完整的果漿（果渣加果汁），例如Nonino與Pojer & Sandri的產品。

AGUARDENTE/AGUARDIENTE 葡式蒸餾酒

葡萄牙／西班牙語，意指酒精濃度至少為37.5%的蒸餾酒，字面意義則是「燃燒之水」。葡萄牙文的「Aguardente de Vinho」指的就是→白蘭地（brandy），不過葡萄牙生產的白蘭地相對少量，例如來自Vinho Verde法定產區（DOC）的葡式蒸餾酒。最多比例的產量都用於→波特（port）的製作。

AMARETTO 扁桃仁利口酒

此為義大利的→堅果利口酒（nut liqueur），使用扁桃仁萃取物、扁桃仁殼浸漬、香草與其他芳香植物製作。較優質的品牌包括迪莎羅娜（Disaronno），此品牌在多年前就將「amaretto」一字從酒標撤下，其利口酒添加了杏桃仁油。勒薩多（Luxardo）品牌的系列產品中，也包括了優質扁桃仁利口酒。扁桃仁膏（marzipan）的愛好者們會飲用扁桃仁利口酒加冰塊。此類利口酒也適合加入**沙瓦**或**教父**。

AMERICAN WHISKEY 美國威士忌

這裡指的是純威士忌（Straight whiskey）與調和威士忌（blended whiskey）。純威士忌是以多種穀物製成的未調和蒸餾酒：

波本威士忌（Bourbon）混合玉米（至少含有51%，但絕大多數的比例都是75%以上）、裸麥（rye）與大麥麥芽（barley malt）。典型波本威士忌的甜感源自玉米；較柔和的波本則會將裸麥替換成小麥。波本威士忌是美國最大類的威士忌，品牌包括金賓（Jim Beam）、巴頓（Blanton's）、水牛足跡（Buffalo Trace）、美格（Maker's Mark）、野火雞（Wild Turkey）與渥福酒廠（Woodford Reserve）等。

裸麥威士忌（Rye Whiskey）是最古老的美國威士忌類型，比波本的甜感更低且風味更豐富，因為其蒸餾的原料配方（mash bill）中，含有更高比例的裸麥。品牌包括老歐弗霍特（Old Overholt）、黎頓郝斯（Rittenhouse）與野火雞。

田納西威士忌（Tennessee Whiskey）是一種擁有產區法定保護的波本威士忌；當地的傑克丹尼（Jack Daniel's）就是全球最成功的威士忌品牌之一。所有田納西威士忌都是以酸醪法（sour mash method）製成，這是一種歷史悠久的控制發酵的方式*，在美國地區被視為十分重要。由於穀物發酵的過程中會發展出各式各樣的花香，因此每一間蒸餾廠都擁有自家培育長達數十年的獨有酵母。如此一來，在某種程度上，蒸餾廠各自的威士忌風格就能夠透過蒸餾持續傳承。一旦發酵完成後，就會進入兩階段的蒸餾，最後進入橡木桶開始熟成。用於純威士忌熟成的橡木桶，必須是經過內部烘烤（toasted）的全新木桶，酒液因此能在其中獲得經典的木質

---

* 新鮮糖化（mash，或稱為醪）因為與之前蒸餾的殘餘物混合，因此酸度能保持穩定。

調香氣，並發展出威士忌華麗的琥珀色澤。木桶熟成的時間須至少兩年，但一般來說會是四到六年。法定最低酒精濃度為40％，但更高的酒精濃度也非罕見。

玉米威士忌（Corn Whiskey）以含有80％玉米的原料配方蒸餾，並且只能以舊桶或未經烘烤的橡木桶熟成。玉米威士忌鮮少會經過超過數個月的木桶熟成，因此酒色通常都會清新如水。玉米威士忌的酒精濃度通常相當高。風味則是香甜簡單，例如喬治亞月亮（Georgia Moon）。

美國調和威士忌（Blended American）是以中性酒精與至少20％純威士忌混合製成。這類曾經相當流行但較為乏味的威士忌，如今已經被伏特加分食了很高比例的市場。目前只有施格蘭（Seagram）的7 Crown酒款仍具影響力。不過，某些獨立微型蒸餾廠的奇特產品，也正逐漸變得越來越受歡迎，例如生產百分之百裸麥威士忌的老波特（Old Potrero），或是以蘇格蘭威士忌作為典範，而生產單一麥芽威士忌的麥卡錫（McCarthy's）。

AMERICANO 美國佬

義大利開胃葡萄酒（→ 香料葡萄酒〔aromatized wine〕），
其香氣調性為艾科植物（mugwort）與→ 龍膽（gentian）；
其中最知名的品牌大約就是Rosso Antico。公雞（Cocchi）
與崗夏（Gancia）兩個品牌也有出產這款利口酒。這
款美國佬（Americano）利口酒的名稱源自義大利文的
「amaricante」，意為「苦味」，也是**美國佬**這款調酒名稱的
來源。

ANISE 茴香酒

為一種烈酒，風味主要源自茴香精油，此精油萃取於綠色大
茴香（*Pimpinella anisum*）、中國八角（*Illicum verum*）的果
實以及茴香（fennel）。

法令規定的分類如下：

添加茴香的烈酒：中性酒精添加天然香精，體積酒精濃度至
少15%。

茴香酒：中性酒精添加天然香精，體積酒精濃度至少55%。

茴香蒸餾酒：除了中性酒精，也必須包含與植物一起蒸餾的
高品質酒液。體積酒精濃度最低為35%。

茴香烈酒：這是地中海地區的傳統開胃酒。通常會以水稀
釋，進而形成所謂的霧化效應（louche effect）；法文的
「louche」意為不透明。之所以會形成如牛奶般的不透明物
質，是因為茴香油溶於酒精，但不溶於水；因此，茴香油的
含量越高，就會變得越不透明。

茴香酒較重要的生產國為法國（→ 法國茴香酒〔pastis〕），
接著是土耳其（→ 拉克酒〔raki〕），以及希臘（→ 烏佐
〔ouzo〕）。西班牙也擁有深厚的茴香酒傳統，但如今因為
越來越多西班牙人熱愛蘇格蘭威士忌與琴酒，茴香酒也逐漸

消弭。安達盧西亞（Andalusian）的奧亨酒（Ojén）是一款茴香利口酒，一度擁有大規模出口產量，但如今已經無處購買。欽瓊酒（Chinchón）源自馬德里南部同名地區，是一種酒精濃度為30~70％的當地特殊酒款，現在也已經難以覓得。

茴香利口酒通常會當成餐後消化酒飲用。茴香利口酒在法國稱為「anisette」，其最古老也最知名品牌就是**瑪莉白莎**（Marie Brizard）；西班牙稱為「anisado」（如品牌Anis del Mono），以及→藥草酒（Hierbas）；義大利叫作「anesone」與→杉布哈（Sambuca）；還有一種希臘版本的乳香酒（mastika）或→烏佐（ouzo）。茴香在→艾碧斯（absinthe）中也扮演關鍵角色，許多→亞力（arak）也含有茴香。自蒸餾藝術開創以來，茴香對於南歐與中東的烈酒風味就有相當的影響；北方地區則主要是→藏茴香（caraway）與→杜松（juniper）。

APPLEJACK 蘋果傑克

這個在美國頗為流行的名稱，代表當地常用最古老的烈酒之一。傳統上，蘋果傑克如同→蘋果白蘭地（calvados），是以純蘋果酒（apple cider）蒸餾。如今，蘋果傑克為混調了蘋果蒸餾酒與中性酒精的酒種；純蘋果蒸餾酒如今在美國稱為蘋果白蘭地（apple brandy），此名稱依法不可於歐盟地區使用。最古老也是如今唯一的蘋果傑克生產公司，就是位於美國紐澤西（New Jersey）的萊爾德（Laird's）。蘋果傑克最初是**粉紅佳人**的關鍵原料；添加了蘋果傑克的粉紅佳人會與**三葉草俱樂部**有所不同。

APRICOT BRANDY 杏桃白蘭地

這是一種帶有杏桃風味的利口酒——包含了與「杏桃果汁」及「中性酒精」一起蒸餾的→杏桃蒸餾酒，才能使用→白蘭地一詞。

杏桃白蘭地主要會用在混調飲品，例如舒曼版本的**邁泰**，杏桃白蘭地微微的扁桃仁香氣，會是糖漬柳橙皮糖漿理想的夥伴。所有傑出的利口酒生產者，杏桃白蘭地一定包含在他們涉獵的範圍裡；品牌**真的苦**（Bitter Truth）就有一款尤其傑出的杏桃白蘭地。

APRICOTS 杏桃酒

以→水果白蘭地（fruit brandy）與→水果利口酒（fruit liqueurs）製成。所有知名水果蒸餾廠的產品線中，一定包含了**杏桃蒸餾酒**。在法國與瑞士有杏桃酒（abricotine），另外還有匈牙利巴林卡（Barack Palinka），指的就是字面意義的杏桃蒸餾酒。這款酒在奧地利也可能有生產。**杏桃利口酒**最常用以製作→杏桃白蘭地（apricot）；日本有種特別版杏桃利口酒為→梅酒（Umeshu）。

AQUAVIT 阿夸維特

這是一種主要在斯堪地那維亞（Scandinavia）很受歡迎的烈酒，以中性酒精與藏茴香和／或蒔蘿（dill）蒸餾酒製成。另外，也有可能會使用香料香草與辛香料，但主要風味一定源於藏茴香或蒔蘿；並且不可添加其他精油或香精。最低酒精濃度應為35％。

丹麥是這款烈酒最主要的產國，其中最重要的品牌則是 Aalborg Akvavi。德國知名的品牌為 Bommerlunder；另一個位於德國柏林的製造商 Malteserkreuz，則是屬於丹麥的品牌。利尼阿夸維特（Linie-Aquavit）來自挪威，此酒款會存放於橡木桶，然後以船航行穿越赤道兩次，據說如此能增進熟成，並且賦予酒液金黃酒色。德國下薩克森（Lower Saxonian）的 Dreiling 品牌酒款也會以橡木桶陳放。以這種方式熟成的阿夸維特，適合在室溫環境飲用，其他正常酒色的阿夸維特最好與冰塊一起享用。

ARAK 亞力

中東與遠東地區蒸餾酒的集合名詞，以各地原產各種天然食材製作：源自印尼的**巴達維亞亞力**（Batavia Arak），在歐洲地區相當知名，利用發酵的米類糖蜜混合物，並添加一點大蒜、肉桂與南薑（galangal）製成。印度亞力以米類糖化混合物與發酵棕櫚汁（托迪調酒）蒸餾，有時還會用甘蔗與各種果汁增添風味。在伊朗，偏愛使用的基本原料為椰棗與葡萄乾，這樣的做法在中東與北美地區會稱為葡萄蒸餾酒。帶有強烈茴香風味（→拉克〔raki〕）的黎巴嫩亞力，很受黎巴嫩人喜愛。這款酒會混合了茶、薄荷、果汁或檸檬水享用。在歐洲，亞力酒以蘭姆酒的廉宜替代品之姿，長期以來大受歡迎，但目前幾乎已經被蘭姆酒徹底逐出市場之外。如今，亞力最常當作調製格羅格與潘趣（→瑞士潘趣〔Swedish punsch〕）的原料，另外也會用於甜點製作。

我們在零售通路遇到的，包括**原版亞力**（original arak，在原產國直接未經稀釋裝瓶，酒精濃度高達80％）、**真亞力**（real arak，稀釋成酒精濃度為38％的原版亞力），以及**調和亞力**（arak blend，必須包含至少10％的原版亞力，酒精濃度須至少38％）。

來自夏威夷的神秘**芋薯燒酒**（okolehao）也是一種亞力，此

GANTOUS & ABOU RAAD

酒款從1940年代就如同幽魂一般飄盪在提基（tiki）調酒書籍之間。這種酒款使用米類與各式糖蜜一起蒸餾製成，擁有自身獨特的大地風味，這樣的風味源自朱蕉（*Cordyline escholtzia*）的根，這是一種大洋洲原生的百合植物。

過去，芋薯燒酒只能非法私釀，而且酒精濃度相當高。但可合法做成利口酒（酒精濃度為38%），直到1990年代之前，這款利口酒不以朱蕉增添風味，而是添加一點點波本威士忌，並且以「oke」之名販售。

ARMAGNAC 雅瑪邑白蘭地

來自加斯科尼（Gascony）地區的法國白蘭地；雅瑪邑法定產區（AOC）包含了三個地區，各自生產不同的葡萄酒，分別是**下雅瑪邑**（Bas-Armagnac）、**特那瑞茲－雅瑪邑**（Armagnac-Ténarèze）、**上雅瑪邑**（Haut-Armagnac）。在十種法定釀酒葡萄品種中，白于尼（Ugni blanc）、巴可22A（Baco 22A）、白福（Folle blanche）與高倫巴（Colombard）等品種最為常見。

其蒸餾過程採用的是1818年便取得專利的雅瑪邑蒸餾器（apparatus），單次蒸餾便可達到酒精濃度53~63%。這類白蘭地的熟成過程相當緩慢，因此能夠在桶中逐漸發展，讓酒精自然揮發，進而降至正常飲用的酒精濃度40%（不像其他地區通常會以水稀釋）。為了防止最高陳年年份40年的雅瑪

邑白蘭地帶有過於強烈的木質風味，桶中酒液會不時換桶到已經不帶太多木材香的較老木桶。老白蘭地與年份雅瑪邑白蘭地都會以「氣密玻璃容器」儲存，一旦裝瓶之後，將不會再有進一步的熟成。如此耗費時間的熟成過程，能賦予酒液相當豐厚強烈的風味，但也所費不貲。因此，10年以上的雅瑪邑白蘭地酒款相對稀少。而大量生產的白蘭地酒款，則是以不同年份與產地的各種白蘭地酒液混合。高酒精濃度且快速熟成的兩次蒸餾雅瑪邑白蘭地，則是產量較小。

白蘭地酒標名詞如下：

★★★＝2~4年。

V.S.O.P.＝4~10年。自2009年，該名詞便囊括了早期的V.S.O.P.、Extra、XO、拿破崙（Napoléon）與特陳（Vieille Réserve）。

Hors d'Age＝10年以上。

年份雅瑪邑白蘭地（Vintage Armagnacs）必須至少桶陳10年。除了Clés des Ducs、俠農（Janneau）與賽馬（Samalens）等國際知名的品牌名稱之外，其他還有無數值得一尋的雅瑪邑品牌，如加絲達賀（Castarède）、達豪思（Darroze）、朗巴德（Château de Laubade）與塔麗格（Tariquet）。

加斯貢福勒克（Floc de Gascogne）是一種特殊的開胃酒，以「經過部分發酵的葡萄汁」與「年輕的白蘭地蒸餾酒液」混調而成（混合比例為2：1），其酒精濃度通常為17%。

AROMATIZED WINE 香料葡萄酒

一種開胃葡萄酒，製作過程為將葡萄酒以添加酒精的方式強化，並用天然香料與萃取物調味。最終成品須包括75%的葡萄酒，酒精濃度為14.5~22%。根據不同的主要香氣風味，香料葡萄酒可以分為→ 美國佬（Americano）、→ 奎寧開胃酒（quinquina）、→ 香艾酒（vermouth）。

某些香料葡萄酒則是最初設計為奎寧類，但發展至今的配方風味越發平衡，並受柳橙調香氣影響，因此可以被視為獨立的香料葡萄酒類型。這類酒款包括Ambassadeur與難以抗拒的麗葉（Lillet，舊稱為Kina Lillet）。

綜合生命之水（Aqua vitae composite）──混合了葡萄酒、香料香草與白蘭地──早在1512年，耶羅尼米斯·布施威格（Hieronymus Brunschwig）就已在他的《關於真正的蒸餾藝術》（*Buch der wahren Kunst zu Destillieren*）一書記載此酒類，也是西方世界以製作烈酒為題的最古老書籍。

BEERENBURG 貝倫堡

荷蘭→草本苦精（herbal bitters），其風味主要特徵為龍膽、杜松、月桂葉。較知名品牌為Boomsma、Sonnema。

BERRIES 莓果

用於蒸餾酒與利口酒的製作。

蒸餾酒：由於幾乎所有莓果都是低果糖水果，因此莓果的發酵（果糖轉化為酒精）需要大量的原料。因此，比較經濟的做法就是將未發酵的莓果，以高酒精濃度的酒精萃取，然後一同經過蒸餾。最終產物舊稱為**水果白蘭地**。白蘭地最低酒精濃度為37.5％；一般裝瓶酒精濃度大約是40~45％。

最受歡迎的類型就是覆盆子白蘭地、黑莓白蘭地與山桑子白蘭地，花楸果（rowanberry）白蘭地則相對比較罕見。僅使用發酵水果做成的→莓果白蘭地（berry brandies）真的極為稀有。*若是採用野生莓果，也會尤其昂貴，例如花楸果。相反地，杜松果的製作處理就比較簡單，並用以製作德國琴酒→施泰因哈根（Steinhäger）。

莓果利口酒（berry liqueurs）：這種酒在酒吧裡，扮演了比莓果白蘭地更重要的角色。莓果利口酒會以→香甜酒（crèmes）的形式與葡萄酒或氣泡酒混調，其中包括藍莓（blueberry/bilberry/myrtille〔法文〕）、黑莓或樹莓

---

* 歐盟也允許介於中間的形式；水果白蘭地（Obstbrände）就是以發酵與未發酵水果製成。這類白蘭地的酒標必須標明「以浸漬與蒸餾製成」。

（bramble/mûre〔法文〕）、紅醋栗（red currants/groseille〔法文〕）與黑醋栗（black currants/→cassis〔法文〕）。

身為一種→水果利口酒（fruit liqueurs），莓果利口酒在調酒中擔任風味劑。華冠利口酒（Chambord）就是一種以干邑白蘭地為基底的覆盆子黑莓利口酒，此酒款相當流行，同樣受歡迎的還有接骨木花利口酒聖杰曼（St-Germain）；亦參見→Jarcebinka 亞爾切賓卡。

BITTER APERITIF 苦精開胃酒

屬於→苦精利口酒（bitter liqueurs），擁有相對低的酒精濃度（14.5~20％），其清新與帶龍膽調性的苦味，應能刺激胃口。相反於→香料葡萄酒（aromatized wines），苦精開胃酒僅能含有少量葡萄酒（其餘的是中性酒精）。

這類苦精開胃酒最知名的酒款源自義大利。除了金巴利利口酒（Campari），也應該提到添加了大黃、龍膽與柳橙香精的艾普羅利口酒（Aperol），當然還有朝鮮薊（artichoke）苦精吉拿（Cynar）。龍膽開胃酒的品牌，則包括蘇茲（Suze）與Avèze，另外還有Clacquesin，此品牌的龍膽開胃酒的香氣源自法國產區的松

木萃取物。龍膽、柳橙與奎寧讓法國的**皮康利口酒**（Picon）
擁有其苦甜特性。類似的酒款還有阿根廷的**橙皮利口酒**
（Hesperidina），以及美國品牌Torani Amer。

苦精開胃酒可加入冰塊，並與些許蘇打水一起享用。不過，
這類酒款的苦味能讓調酒增添精緻感。

BITTER LIQUEURS 苦精利口酒

嘗起來偏苦（→苦精〔bitters〕）的→草本利口酒（herbal
liqueurs）。也被稱為半苦精（semibitters）。請勿與→草
本苦精（herbal bitters）混淆；草本苦精每公升酒液所含的
糖分小於100公克（1/2杯），因此不屬於利口酒。苦精利口
酒的酒精濃度通常大約是25~38％。酒精濃度比苦精開胃酒
高，比草本苦精低。在香氣方面，大約介於強烈甜感與幽微
苦味之間。生產苦精利口酒的品牌無數，包括站立式酒吧的
經典酒款，例如Sechsämter-tropfen、Kuemmerling、Echt
Stonsdorfer；另外，流行且時尚的品牌則有Borgmann、
真的苦Elixier、Berentzen的Wildkräuter；還有地區特
產Düsseldorfer Killepitsch，以及紅遍全球的**野格利口酒**

（Jägermeister）。義大利的阿瑪瑞
（amari）也屬於苦精利口酒，
酒款包括亞維納（Averna）、
China Martini、蒙特內哥羅
（Montenegro）、Ramazzotti，以
及傑出的Nonino Quintessentia。東
歐香脂利口酒（balsam liqueurs）
包括來自匈牙利的Unicum與捷克的貝

赫洛夫卡（Becherovka）。曾經紅極一時的Halb und Halb，
原本是一種→庫拉索（Curaçao）與→調酒苦精（cocktail
bitters）的混合物。此酒款最知名的品牌最初是Mampe，如
今由Berentzen製造。

BITTERS 苦精

根據歐盟規範，這是以苦精為主要風味的烈酒，其香氣源
自添加了天然或等同天然（nature-identical）的物質，其
酒精濃度至少為15％。苦精可以依照苦度，分為清淡、半
苦、強烈。清淡苦精是較為幽微的→苦精開胃酒（bitter
aperitifs）；半苦苦精是苦味與香氣或多或少更平衡的→苦精
利口酒（bitter liqueurs）；強烈苦精則是強烈的餐後消化酒或
→草本苦精（herbal bitters），或每間酒吧都不能缺少的→
調酒苦精（cocktail/seasoning bitters）。

BOONEKAMP 布內坎普

一種→草本苦精（herbal bitters），以木桶儲存，酒精濃度通
常是44~49％，含糖量最高為2％。一般而言，這類酒的風味
來自甘草、茴香、南薑、薑與各式各樣的含樹脂植物。
此酒最初的製作配方由荷蘭化學家柏圖斯‧布內坎普（Petrus

Boonekamp）在18世紀所創。布內坎普很快就成為通用酒名。因此，像是知名的Underberg酒款最早就叫作布內坎普（品牌Berentzen也有生產）。

BRANDY 白蘭地

白蘭地一詞曾代表了所有烈酒；德文的「Branntwein」也是如此。如今，白蘭地只能用在葡萄蒸餾酒（Branntwein也是）；但是，→杏桃（apricot）、→櫻桃（cherry）、黑棗（prune）與柳橙蒸餾酒則是例外，因此仍可稱為白蘭地。歐盟法規規定，白蘭地的熟成須存放於橡木桶至少六個月，最低酒精濃度則是36％。允許添加焦糖色素（食用色素E150）；除了水之外，便不可再添加任何原料。

許多葡萄酒產國都有生產白蘭地。多數都堅持製造偉大的經典範本干邑白蘭地（cognac）。葡萄酒會以銅製蒸餾爐（alembics）蒸餾兩次，直到酒精濃度達70％。接著，便倒入橡木桶熟成，最後混調成→干邑白蘭地（cognac）。比較簡單的版本則是包含以效率更高的連續式蒸餾器（column stills，酒精濃度可達94.8％）產出的酒液。連續式蒸餾是一種節省時間與金錢的方法，但酒液因此會失去可觀的風味。因此，混調比例中，只能有一半酒液源自此蒸餾法。蒸餾出的酒液接著會以水稀釋至適合飲用的強度（通常為酒精濃度40％），然後再裝瓶。

各式各樣白蘭地酒款之間的品質和風味差異，取決於葡萄的酸度和酒精含量（經驗法則：少即是多）、蒸餾酒液的調和比例，以及桶中熟成時間（老年份不一定就代表了高品質；木桶風味不應過於占據主要風味表現）。

白蘭地可謂歐洲最古老的烈酒類型（最早提到白蘭地的
文獻時間為11世紀）。最知名的白蘭地產國就是法國
（干邑白蘭地、雅瑪邑白蘭地、精釀〔fine〕）。然而，
西班牙（→西班牙白蘭地〔Spanish brandy〕）、德國
（→德國白蘭地〔Weinbrand〕）、葡萄牙（→葡萄牙
白蘭地〔aguardente〕）與義大利（義大利白蘭地也稱為
「arzente」；主要品牌為Vecchia Romagna與Stock 84，另
外，Jacopo Poli品牌的義大利白蘭地也相當知名），這些
國家都擁有偉大的白蘭地傳統。來自葡萄原初家鄉高加索山
（Caucasus）的人們，喜愛亞美尼亞（Armenia）與喬治亞
（Georgia）傳統濃重且香甜的白蘭地。任何一間調酒酒吧都
不應少了拉丁美洲的→皮斯可（pisco）。南非與美國的白蘭
地都比較偏向僅擁有區域性影響力；除了大規模製造商嘉露
（Gallo）的E&J、Christian Brothers、科貝爾（Korbel），
近來較小型的蒸餾廠與它們的加州蒸餾壺白蘭地（California
Alambic Brandies）眾酒款，正以他們恪守干邑白蘭地製法的
產品嶄露頭角。希臘的Metaxa品牌酒款雖然也使用葡萄酒為
原料，但並非正式列為白蘭地，因為其中也包含了香料香草
與調味料。巴西品牌Dreher也名列國際暢銷白蘭地品牌。不
過，其中的蔗糖蒸餾酒液添加了天然植物萃取物，因此該酒
款甚至無法以蘭姆酒的身分在歐洲銷售。葡萄酒蒸餾廠也提
供其他（香料）烈酒產品的基
酒服務，例如烏佐、馬翁琴酒
（gin de Mahón）與部分亞力，
還有高品質的利口酒，如Aurum
品牌的柳橙利口酒，以及柑曼怡
（Grand Marnier）的櫻桃利口
酒（guignolet）。

CACHAÇA 卡夏莎

也被稱為「aguardente」（蒸餾酒）
或「aguardente de cana」（甘蔗蒸餾
酒），這是一種來自巴西，並以新鮮甘
蔗汁蒸餾而成的烈酒。依法規，卡夏莎
的酒精濃度須介於38~48％。

若說卡夏莎為蘭姆酒絕對沒錯；更
精確地說應該是農業蘭姆酒（Rhum
agricole）。而且，此酒在美國甚至必
須明確標示為「巴西蘭姆酒」。由於卡
夏莎的某些奇異特質——例如糖化裡添
加玉米粉，以及限定蒸餾輸出酒液須低酒精濃度等——使其
幾乎不太具有蘭姆酒的風味。甘蔗的水果香甜時常都伴隨著
苦味、發酵香氣與植物的刺激調性——在超過6,000個卡夏莎
品牌中，某種程度上可以歸結出這樣的共有特質。絕大多數
的卡夏莎來自鄉村間的小蒸餾廠，在如此簡單的蒸餾系統之
間，成就了卡夏莎獨有的工藝。此酒的擴展範圍常常僅限縮
於區域性，而且風格與品質的多元程度可觀。來自巴西密納
斯吉拉斯州（Minas Gerais）的卡夏莎品牌都享有優
質聲譽，尤其是沙利納斯市（Salinas）一帶，例如
Armazém Vieira、Boazinha、Germana、Artesanal
de Minas。

除了這些品牌，此處也有大型蒸餾廠，例如
Companhia Müller，該公司出產的Pirassununga
51（Cachaça 51酒款的海外出口版），甚至是全
球五大暢銷酒款之一。在年產量可達13億公升
的驚人數量之下，卡夏莎堪稱全世界最重要的
烈酒類型之一。僅僅大約1％的卡夏莎產量用

於出口，而其中運送到德國數量就幾乎占了一半。隨著**畢杜**（Pitú）品牌的推波助瀾，調酒**卡琵莉亞**在1980年代於當地站穩了流行飲品的地位。在過去幾年中，卡夏莎才真的在其他西方國家流行起來——部分也因為國際企業的積極協助——如今正準備以精緻的出口蒸餾酒款，打入頂端的高價市場，例如百加得的Leblon、帝亞吉歐的Berro、Bossa與莎迦帝賓（Sagatiba）。其他值得注意的地區蒸餾廠還有Ypióca、Nêga Fulô。

許多卡夏莎酒款會以當地樹種製成的木桶熟成數個月，此做法不會影響酒色，但能使酒液風味更圓潤。目前有越來越多製酒公司推出於橡木桶熟成的褐棕酒色卡夏莎，橡木桶陳的時間超過一年才有可能明確提及。卡夏莎的主要行銷方針，是作為**卡琵莉亞**與**巴迪達**的基酒。當地大多是直接純飲卡夏莎，例如當作開胃酒，與某些小分量前菜一起享用，但這樣的習慣尚未延伸到巴西以外。不過，Mangaroca生產的卡夏莎椰子利口酒Batida de Côco，已經是巴西之外遠近馳名的酒款了。

＊ 卡夏莎蒸餾可達的最高酒精濃度為54%，比農業蘭姆酒的70%低了許多。

CALVADOS 蘋果白蘭地

法式蘋果白蘭地，只能在諾曼第的特定地區蒸餾。此區域又分為三個法定產區（AOC），部分製作方式常有不同。

不過，所有蘋果白蘭地都有的共通點之一，就是並非如同其他→水果白蘭地（fruit brandies）是完全以發酵水果果漿蒸

餾，而是只採用壓榨之後的果汁（must），並先以其發酵製成**蘋果酒**（cider）。

來自許多不同蘋果品種發酵而成的蘋果酒，會一起倒入大槽混合，然後再進行蒸餾。蘋果白蘭地的最低酒精濃度為40％。

在最富盛名的蘋果白蘭地原產地**歐日地區**（Pays d'Auge）中，蘋果酒必須要以傳統單壺蒸餾器蒸餾兩次，接著在橡木桶熟成至少兩年。

在蘋果白蘭地最大的法定產區**卡爾瓦多斯**（Calvados），依舊允許單次（連續式）蒸餾。最短的熟成時間也一樣是兩年。

另外，1990年代才確立為獨立法定產區的**凍弗隆泰**（Domfrontais），經過發酵的**西洋梨果汁**（poiré）必須與蘋果酒一同蒸餾。蒸餾過程則是以連續式蒸餾器完成。蘋果白蘭地的熟成年數標示如下：

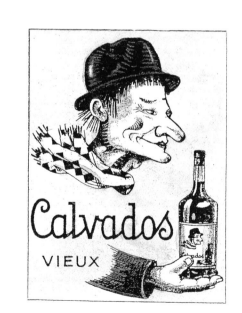

★★★＝2年

Vieux／Réserve＝3年

V.O.／Vieille Réserve＝4年

V.S.O.P.／Grande Réserve＝5年

X.O.／Hors d'Age.＝6年以上

經過多年熟成的蘋果白蘭地——頂級酒款
很常陳放15~20年——會在酒標標註。但是，當酒標寫上多年
熟成的年數，卻沒有標明裝瓶時間，便不可盡信。

除了國際品牌之外，還有例如佔據市場先驅地位的Père
Magloire、Busnel、布拉德（Boulard）、Calvador與布勒
伊堡（Château du Breuil），以及許多產量相當高的較小型
公司，例如Christian Drouin、Camut、羅傑古魯特（Roger
Groult）。

「Pommeau」是一種特殊的開胃酒，以蘋果白蘭地或發酵西
洋梨果汁，以及年輕蒸餾酒液與果汁一起熟成至少一年（酒
精濃度為16~22％）。

CANADIAN WHISKY 加拿大威士忌

經常被視為裸麥威士忌，也常常與較強烈的→美國裸麥威
士忌（American rye whiskey）比較。加拿大威士忌的酒體較
清雅，裸麥風味的表現也較幽微。*除了少數例外，加拿大
威士忌幾乎都是「接近沒有風味的穀物」所蒸餾出來的酒
液，以及少量裸麥蒸餾酒液調和。只要含量不超過整體的

---

* 哪一種威士忌更適合調製成曼哈頓的無謂討論，其實源自於悠久歷史的誤
解。曼哈頓調酒原本使用純裸麥威士忌製作。在禁酒令時期——調酒在此時
期也開始於歐洲流行——人們便以加拿大威士忌製作調酒。加拿大威士忌在歐
洲，便留下了正統曼哈頓原料的印象，因為當地幾乎很難得知美國裸麥威士忌
的存在。在今日的美國，曼哈頓則偏好以波本威士忌調製。

9.09％，就可以添加增加風味的物質，例如加烈酒（fortified wine，在加拿大意指雪莉）、發酵李子汁，以及從美國肯塔基（Kentucky）進口的威士忌。

加拿大威士忌必須在橡木桶熟成至少三年。酒精濃度通常是40％，很少酒款的酒精濃度會較低，但為出口市場生產的酒款，其酒精濃度有時會較高。最重要的加拿大威士忌品牌包括皇冠（Crown Royal）、加拿大會所（Canadian Club）與加拿大之霧（Canadian Mist）。

CHAMPAGNE 香檳

法國氣泡酒，只能在特定劃分出的法定產區香檳（Champagne）生產，並且只能使用香檳法（méthode champenoise）釀造。基本上，香檳酒款混合了各區域與熟成各種年數的基酒，接著透過在酒瓶中裝進酵母的方式，進行瓶中二次發酵。因此也有了香檳特有的細緻氣泡（perlage）。瓶中熟成的時間必須至少一年。若是年份香檳，瓶中酒液就必須有80％為當年酒液，熟成年數則必須至少三年。當熟成年數越長，酒香就會越豐郁，而氣泡也將更細緻。

雖然其他地區也會以相同的香檳法釀造傑出的氣泡酒，例如義大利的「Franciacorta」酒款，但香檳依舊以當地獨特的風土（terroir，即氣候與地質特性）而廣受歡迎，同時，也須感謝傳承了幾乎300年的傳統，香檳仍是氣泡酒領域所向披靡的第一名。香檳奢華的特質也同樣展現在豪奢的酒瓶尺寸。除了標準酒瓶（法文稱為Bouteille）的750毫升，還包括：

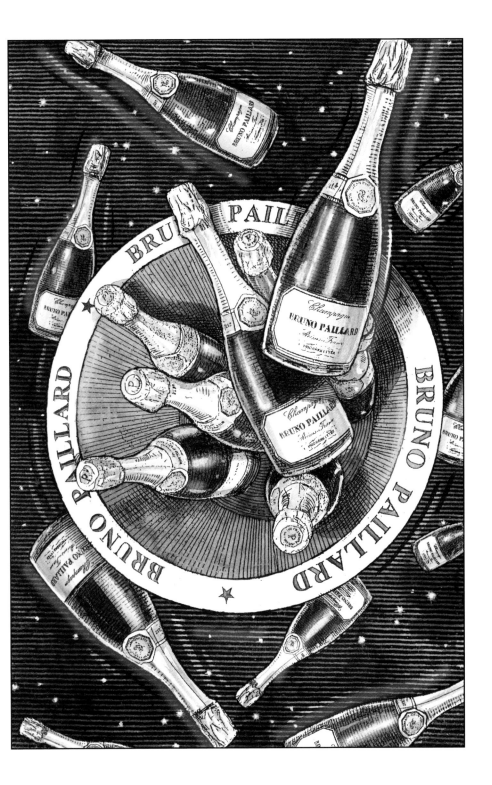

四分之一瓶（Quart）	200毫升
二分之一瓶（Demi）	375毫升
二瓶（Magnum）	1,500毫升
六瓶（Rehoboam）	4,500毫升
八瓶（Methuselah）	6,000毫升
十二瓶（Salamazar）	9,000毫升
十六瓶（Balthazar）	12,000毫升
二十瓶（Nebuchadnezzar）	15,000毫升
二十四瓶（Melchior）	18,000毫升

某些公司還出產了尺寸更巨大的酒瓶，一路可達30,000毫
升，稱為Melchizedek。

香檳應存放於乾燥涼爽的環境。即使使用特殊瓶蓋，已開瓶
的香檳會在大約24小時之內，流失其氣泡與酒香。

精選品牌：伯蘭爵（Bollinger）、Bruno
Paillard、香檳王（Dom Perignon）、羅蘭
（Laurent-Perrier）、酩悅（Moët & Chandon，全
球市場頂尖品牌）、庫克（Krug）、路易侯德
爾（Louis Roederer）、沙龍（Salon）、泰廷爵
（Taittinger）與凱歌（Veuve Clicquot）。

CHERRIES 櫻桃

用以製作→水果白蘭地（fruit brandies）與
→水果利口酒（fruit liqueurs）。以櫻桃製
成的櫻桃白蘭地最常稱為「kirschwasser」、
「cherry brandy」或簡稱為「kirsch」。在櫻桃白蘭地最
流行的生產國瑞士，也稱為「Chriesi」。在法國則有
「kirsch」、「eau de kirsch」、「eau de vie de cerises」或

「eau de vie de griottes」（酸櫻桃白蘭地）等稱呼。由於櫻桃處理不易，製作優質櫻桃白蘭地便成了水果蒸餾的高深藝術。

在某些區域裡，櫻桃白蘭地擁有法定產區的保護，例如 Schwarzwäl-derkirsch、Kirsch d'Alsace。所有重要的利口酒製造商都會生產櫻桃白蘭地，並稱之為 →櫻桃白蘭地（cherry

brandy）、→櫻桃利口酒（guignolet）與 →瑪拉斯奇諾櫻桃利口酒（maraschino）。「Nalewka」是一種波蘭櫻桃利口酒，會添加肉桂、丁香與其他香料香草及辛香料調味。

CHERRY BRANDY 櫻桃白蘭地

帶有櫻桃風味的水果利口酒。白蘭地一詞，原本用以代表葡萄酒製成的烈酒，當其原料包含櫻桃汁、中性酒精與櫻桃白蘭地（最終酒液必須每100公升至少有5公升櫻桃，且酒精濃度為40％）時，也可使用白蘭地之稱。

櫻桃白蘭地常常比櫻桃利口酒更不甜且更強烈。因此，尤其適合用於調酒。

最重要的品牌為Danish Peter Heering。波士（Bols）、迪凱堡（De Kuyper），以及來自法國的Rocher，也都有生產櫻桃白蘭地。

CITRUS FRUITS 柑橘類水果

為烈酒增添風味時，幾乎都會用到柑橘類水果，尤其是利口酒。首先是→柳橙利口酒（orange liqueurs），但檸檬、橘子與萊姆也都是熱門的風味選擇。

檸檬，在義大利會製成→檸檬酒（limoncello）；希臘的拿索斯島（Naxos）則做成特殊酒款「kitró」；科西嘉島（Corsica）與突尼西亞的Mattei則生產Cedratine——此酒款的風味源自檸檬，而非其經常宣稱的雪松樹皮。Aamen Gold是德國的新興檸檬利口酒品牌。

橘子利口酒酒款則有Mandarine Napoléon、Van De Hum。Monin Original則是一款萊姆利口酒。

COCKTAIL BITTERS 調酒苦精

高度濃縮且風味強烈的苦精，通常不會直接純飲，但為許多調酒不可或缺的風味劑。最古老的知名調酒酒譜，其實就已經載明必須滴上幾滴苦精。調酒之所以誕生源於苦精的發明，其實所言不差。而苦精的發明，則原本是希望研發消化藥，但逐漸從藥劑師的手中脫離來到酒吧。

調酒苦精採用香料香草、樹皮與植物根萃取物，並與酒精及少量糖分（10~30公克／公升）混合，最後視需求決定是否添加柑橘皮或調味。

調酒苦精的主要代表就是**芳香型苦精**，其擁有如同薑餅的辛香料調性（肉桂、豆蔻、龍膽、丁香與茴香等等），能為**古典雞尾酒**與**曼哈頓**等經典調酒畫龍點睛。水果調性較強的**柳橙苦精**在禁酒令時期曾紅極一時，在最近好幾年之間又捲土重來。

過去，吧檯手混調獨家酊劑的情況很普遍。不

過，當時依舊有不計其數的商業苦精產品——包括Abbott's、Bogart's、Boker's等傳奇品牌——但僅少數幾間成功度過禁酒令。例如**費氏兄弟**（Fee Brothers）與最古老的品牌**貝橋苦精**（Peychaud's Bitters）；調製**賽澤瑞克**的必要原料。

在這幾十年之間，來自千里達（Trinidad）的**安格仕**（Angostura）苦精公司一直握有苦精市場的主導地位。少了安格仕苦精的平衡，以及由肉桂與丁香風味形塑的苦香，任何酒吧都無法生存。**安格仕**也因此變成了這類苦精的通用代名詞。Riemerschmid與Secret Treasure都將它們的香料行銷為安格仕苦精。

近年來，由於人們對於發展調酒酒譜的興趣再度興起，市面上的苦精產品也逐漸成長。**真的苦**擁有令人刮目相看的產品線，以及一系列的柳橙苦精（Regan's、安格仕、Riemerschmid）。柳橙與芳香型苦精也可以從日本的Hermes購得。最後，來自秘魯的Amargo Chuncho，則是**皮斯可沙瓦**純粹主義者的唯一選擇。

* 苦精的消化治療效果在今日的酒吧仍然派得上用場；對付打嗝的有效方式之一，就是將安格仕苦精滴幾滴在方糖上，直接緩慢在口中咀嚼。

COCOA AND CHOCOLATE LIQUEURS
可可與巧克力利口酒

此款酒絕大多數會製造成→香甜酒（crèmes）或者→乳化劑（emulsions）。乳化劑通常為酒精、可可及鮮奶油的混合物。然而，香甜酒的製作方式則是先烘烤可可豆，接著浸漬於酒精，然後經過完整蒸餾（**白可可香甜酒**〔Crème de Cacao white〕），或是部分蒸餾之後與剩下的浸漬物混合（**棕可可香甜酒**Crème de Cacao brown〕）。

不論是細緻的白可可香甜酒，或較強烈的棕可可香甜酒，主要都當作調酒的原料，因此由較大型的利口酒酒廠製作。

奧地利薩爾斯堡（Salzburg）的Mozart Distillerie、比利時巧克力商Godiva，以及西西里島的Ciomod，都有生產高品質的可可香甜酒，絕對可以直接純飲。這些酒款的含糖量遠遠更低，可可含量比例也高很多。另外，「Mozart Dry」是一款純巧克力蒸餾酒，完全不含糖，酒精濃度為40％。

COCONUT LIQUEURS 椰子利口酒

此酒款在1980年代漸漸流行。椰子利口酒的風潮，正是由現今全球銷量最佳利口酒品牌之一的Malibu所帶起，很快地，便有許多仿效酒款出現，例如Mangaroca與CocoRibe生產的椰子酒（Batida de Côco）。迪凱堡（De Kuyper）與瑪莉白莎（Marie Brizard）的產品也包括椰子利口酒。不過，Wray & Nephew公司的「Koko Kanu」並非利口酒，而是添加椰子香料的蘭姆酒。

COFFEE LIQUEUR
咖啡利口酒

簡化地說，咖啡利口酒就是用酒精沖煮咖啡，而不是用熱水。各種品牌生產的咖啡利口酒的差異，就在於使用了不同種類的咖啡豆或酒精，以及用不同方式烘焙咖啡豆。在墨西哥市場獨占鰲頭的卡魯哇咖啡利口酒（Kahlúa），使用的是蘭姆基酒。其他製造商則大多偏好中性酒精。酒精濃度通常落在20~25％。咖啡利口酒會以香草或焦糖等原料增加甜味。其他生產咖啡利口酒的品牌包括寶格蒂（Borghetti）、意利酒（Illyquore）、堤亞瑪麗亞（Tia Maria）與Toussaint。

COGNAC 干邑白蘭地

來自法國西南部夏宏特（Charente）區域。干邑白蘭地總共包含六個法定產區Grande Champagne、Petite Champagne、Borderies、Fins Bois、Bons Bois，以及Bois à Terroirs（曾是Bois Ordinaires）。此處僅生產白酒，主要採用白于尼品種，但也有少量的白福與高倫巴。

干邑白蘭地只能使用夏宏特地區的「傳統銅製單壺蒸餾器」，經過兩次蒸餾之後，酒液的酒精濃度會來到70％。接著，會經過至少兩年的橡木桶陳年，木桶中的酒液會越漸柔潤、發展出風味、染上酒色，並同時不斷蒸發而喪失酒精。熟成時間甚至可達70年。老年份干邑白蘭地會以玻璃酒瓶裝瓶，此後便不會有進一步的熟成。

最終裝瓶的飲用強度為酒精濃度40~45％，可選擇以水稀釋，或倒入一種稱為「弱酒」（faible）的酒液；其為老年份干邑白蘭地與水的混合液。干邑白蘭地可用焦糖增加酒色，也可以添入砂糖糖漿提升甜度，還能用「添木」（boisé，老年份干邑白蘭地的橡木桶木屑會減少）的方式偽裝年份。

在正式裝瓶之前，會先調和來自不同區域與年份的干邑白蘭地。這種方式可以確保酒液的風味與特質，能長時間維持不變。大量的老年份干邑白蘭地（再加上經驗豐富的酒窖總監），正是延續一個干邑白蘭地品牌的關鍵。干邑白蘭地調和酒款酒瓶上標示的年數，代表的是熟成年數最短的蒸餾酒液，以下為酒標的年數標示：

V.S.／★★★＝2~3年

V.S.O.P.／Réserve＝4~5年

X.O.、Napoléon、Hors d'Âge＝6年以上

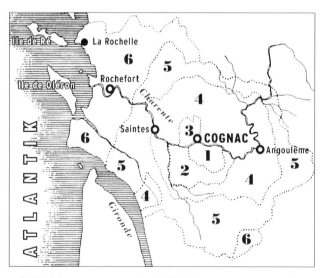

1. 大香檳區（Grande Champagne）2. 小香檳區（Petite Champagne）3. 邊緣林區（Borderies）4. 優質林區（Fins Bois）5. 良質林區（Bons Bois）6. 普通林區（Bois à Terroirs）

常常在調和酒液僅占一小部分的
老年份干邑白蘭地,透過多年陳
放,會逐漸發展出堅果、奶油等調
性的絕佳風味,稱為「陳酒香」
(rancio),對於熱愛傳統之人而
言,這是極具價值的風味。

長久以來,干邑白蘭地總被當成
最頂級的烈酒,同時也是許多調
酒的基酒,例如**側車**、**毒刺**、**白蘭地亞歷山大**。也會用以製
作優質利口酒,如**柑曼怡**、Alizé、**橘子拿破崙**(Mandarine
Napoleon)與**華冠利口酒**。

干邑白蘭地的市場目前由四個品牌主導,分別是**軒尼詩**
(Hennessy)、**人頭馬**(Rémy Martin)、**馬爹利**(Martell)
與**拿破崙**(Courvoisier)。另外,也有規模較小型但產量可
觀的公司,例如Frapin、A.E. Dor、**御鹿**(Hine)、**德拉曼**
(Delamain)、Daniel Bouju、**皮耶費朗**(Pierre Ferrand)與
Léopold Gourmel。

「**Pineau de Charente**」是一種特殊的開胃酒,以葡萄果汁與
年輕的蒸餾酒液混合(比例通常是3:1),之後須以橡木桶
熟成至少一年。但是,部分酒款甚至會陳放長達十年(酒精
濃度為16~22%)。

CORDIAL 利口酒

比較流行普遍的名稱是「liqueur」。在大不列顛地區（Great Britain），「Cordial」一詞也可以代表糖漿（例如**萊姆糖漿**），利口酒在當地最常稱為「liqueur」。**梅多克利口酒**（Cordial Medoc）是一種傳統的法國利口酒。這是一種酒體豐滿的酒，將白蘭地；紅、白與甜酒；黑棗、鳶尾根與刺槐萃取物等原料與巧克力混合，長期以來一直被視為極優質飲品。如今，只剩下無足輕重的貿易公司會生產梅多克利口酒。此酒種最傑出的生產者G.A. Jourde，目前已不存在。

CREAM LIQUEURS 鮮奶油利口酒

這種酒會製造成→乳化劑（emulsion）利口酒，其中必須包含至少15％的酒精濃度，以及15％的鮮奶油（油脂最低含量為10％）。鮮奶油利口酒常常與香甜酒（crèmes）混淆。

鮮奶油利口酒是相對較晚近才出現的利口酒類型。這場偉大的旅程自1974年開始，由威士忌鮮奶油利口酒製造商**貝禮詩**（Baileys）引領，這間公司也在進入市場的短短數年之間，就成為橫掃全球的最暢銷鮮奶油利口酒。接著，便出現各式各樣的仿效酒款；最初，這類酒款也使用威士忌為基底，但隨後發展出越來越多種基酒，例如白蘭地（Chantré Cream、Crema de Alba）、蘭姆酒（Sangster's）、咖啡（Capucine）、焦糖（Dooley's），以及各式水果（Amarula）。鮮奶油利口酒的爆炸性席捲，也使得許多品質令人質疑的混調酒款出現，例如以龍舌蘭或芙內（Fernet）為基酒的酒款。

不過，鮮奶油利口酒的所有酒款，都敵不過一杯適當調製的鮮奶油調酒，例如**亞歷山大**或**第五大道**。

CRÈME DE… 各式香甜酒

這類酒款都是相當厚重且甜度皆高於平均值的利口酒，主要用於調酒。香甜酒的含糖量至少為250公克（1杯）／公升，某些酒款的含糖量可能還更高，例如→黑醋栗香甜酒（Crème de Cassis）。某些香甜酒會添加→水果利口酒（→fruit liqueurs）、→可可（cocoa）、→堅果（nut）與→胡椒薄荷（peppermint）利口酒。千萬別將香甜酒與→**鮮奶油利口酒**（cream liqueurs）混淆了。

CRÈME DE CASSIS
黑醋栗香甜酒

以黑醋栗製作的法國利口酒，含糖量必須達到400公克／公升，而且不可添加等同天然香料或萃取物（→香甜酒〔crème〕）。黑醋栗香甜酒可能包含了濃縮水果果汁。當這類酒款擁有法定產區保護時，便只能含有新鮮水果，例如「Crème de Cassis de Dijon」。部分關鍵品牌包括Boudier、Cassissée、Lejay Lagoute、卡騰（Joseph Cartron）與維尼（Vedrenne）。

CRÈME DE VIOLETTE 紫羅蘭香甜酒

絕大多數紫羅蘭利口酒*都會製作成→香甜酒（crème）。這
類酒款香氣強烈，並擁有深沉的紫羅蘭酒色，因此是調酒的
理想原料（但用量須克制），例如飛行。

品牌包括Crème Yvette、吉法（Giffard）、羅特曼（Rothman
& Winter）、真的苦與Benoit Serres（→紫羅蘭利口酒
〔Parfait Amour〕）。

CURAÇAO 庫拉索

此為一種以苦橙皮添加風味的→
水果利口酒（Fruit liqueur）。庫
拉索鮮少直接純飲，但經常用在
調酒，這不僅是因為它擁有水果
塔的味道，也由於庫拉索酒款有
各式酒色可以選擇。雖然採用蘭
姆酒（波士品牌），或使用干邑
白蘭地（瑪莉白莎、吉法品牌）

製作的經典柳橙庫拉索如今尚有生產（至少還有部分公司生
產）；但是，藍色、綠色與紅色版本的庫拉索，
使用的基酒都是中性酒精。澄澈無色的庫拉索通
常有點甜，但酒精濃度較高，並且常被稱為「橙
皮利口酒」（triple sec）。

大多數的主要利口酒製造商，都會生產橙皮利
口酒，例如迪凱堡（De Kuyper）、Boudier與
Monin。

「Senior Curaçao of Curaçao」也是值得關

---

* 編注：此處原文為violet liqueur，與Parfait Amour同為
紫羅蘭利口酒。

注的酒款——它的同名品牌是加勒比島唯一的製造商（參見
→Parfait Amour 紫羅蘭利口酒）。庫拉索在19世紀初開始由
荷蘭公司波士發展，同時也如同後來的香艾酒，在調酒的早
期發展中扮演了重要角色。

DIGESTIVE BITTERS 消化苦精
參見→草本苦精（herbal bitters）。

EAU DE VIE 櫻桃白蘭地
「eau de vie」的字面意義為「生命之水」，法國將此名詞，
代稱為一般所有蒸餾酒與水果白蘭地，例如「eau de vie de
framboise」（覆盆子烈酒）；也可以用於描述某區域的烈
酒，例如「eau de vie de Jura」意為侏羅（Jura）的烈酒。
「eau de vie de Cognac」指的是干邑地區的葡萄酒蒸餾酒，
但未依照干邑白蘭地的製作規範生產。

EGGNOG 蛋酒
這是一種→乳化劑（emulsion）利口酒，以新鮮或經過低溫
殺菌的雞蛋製作，每100公升須包含至少140公克（5盎司）蛋

黃以及150公克（2/3杯）的糖或蜂蜜。最低酒精濃度必須是14％，而非利口酒的最低規範15％。除了中性酒精，某些製造商也會用干邑白蘭地、白蘭地或櫻桃蒸餾酒當作基酒。

最古老的蛋酒品牌是荷蘭波士公司的Advocaat。由於此品牌名稱並未受到保護，所以其他公司也開始以此名稱生產「advocaat liqueurs」（蛋酒利口酒）。

另一個知名的蛋酒品牌是Verpoorten。在墨西哥，蛋酒會以豆蔻與肉桂調味，此飲品稱為「rompope」（亦參見本書的**蛋酒**酒譜）。

EMULSION LIQUEURS 乳化利口酒

乳化是一種水與油的混合液體──也就是完全無法或僅短暫混合的成分。藉由均質、加熱，或是添加乳化劑（例如卵磷脂〔lecithin〕）之後攪拌，就能讓這類混合物穩定。

乳化利口酒包括→雞蛋（egg）、→鮮奶油（cream）與某些→可可與巧克力利口酒（Cocoa and chocolate liqueurs）。

E

FALERNUM 法勒南

這是一種以蘭姆為基酒的→利
口酒（liqueur）；也可以當作糖
漿。法勒南帶有扁桃仁、萊姆、
薑、丁香、多香果（allspice）與
糖的調性——是提基（tiki）調酒
不可或缺的原料。法勒南的家鄉
為巴貝多（Barbados）——John
D. Taylor's的「紫羅蘭法勒南」
（Velvet Falernum）。

FERNET 芙內

義大利的→草本苦精（herbal bitter）。品牌芙內布蘭卡
（Fernet Branca）是全球最成功的→苦精（bitters）公司之
一。芙內在阿根廷尤其流行，用以與可樂混調，在
美國則是與薑汁汽水混調。
Stock、勒薩多（Luxardo）與
Ramazzotti等品牌，也有生產芙內苦精。
Ramazzotti與布蘭卡都有推出苦味與薄荷
腦（Menta）兩款芙內苦精。

FINE 優質

用於白蘭地的法國名詞，意指非雅瑪邑或干邑的產區，例
如「Fine de Bordeaux」（波爾多優質白蘭地）與「Fine de
Bourgogne」（布根地優質白蘭地）。「Fine à l'eau」指的是
一種混合了干邑白蘭地與水的開胃酒，在法國頗為盛行。

FORTIFIED WINE 加烈酒

此為一種加了酒精的葡萄酒，也稱為利口葡萄酒（liqueur wines），與→香料葡萄酒（aromatized wines）不同的是，加烈酒不會添加香料。在葡萄酒發酵期間加入大量酒精時，會阻止果糖轉化成為酒精，因此酒液會變得較甜。某些加烈酒會在發酵階段結束之後再添加酒精，這種做法原本是為了運送過程更穩定。最著名的加烈酒就是→雪莉（sherry）與→波特（port）。根據甜度，加烈酒可以作為餐前開胃酒或餐後消化酒，也能用於製作調酒，加烈酒天生就很適合與→香艾酒（vermouth）及→干邑白蘭地（cognac）混調。

類似的酒款還包括**馬德拉**、**馬拉加**（Málaga）、**馬薩拉**（marsala）與**法國天然甜味葡萄酒**（vins doux naturels），這些酒款則不太適合在酒吧使用。

FRUIT BRANDIES 水果白蘭地

水果白蘭地與其他數種蒸餾酒，都不被各個國際烈酒協會所控管。除了在德國市場占領先地位的Schladerer品牌之外，在主要產國──德國、法國、瑞士與奧地利──仍有數以千計的活躍蒸餾廠，它們會將各式花園裡種得出來的原料，做成各式各樣的白蘭地，從粗製水果蒸餾酒，到奢侈昂貴得令人慚愧的桶陳年份櫻桃白蘭地。

數間年輕奧地利蒸餾廠開始重視高品質的水果與蒸餾技術，一掃1980年代水果蒸餾廠塵土飛揚的印象。裝在冰鎮「威

利杯」（Willi）中的啤酒，現在可以換成風味強烈且完美澄澈的優質消化酒，雖然水果白蘭地主要使用蘋果與西洋梨的**果渣**，但如今已經不再僅以知名的威廉梨（Williams pear）蒸餾，也會採用地區特產，例如應強調水果經典特質的蘇伯爾梨（Subirer pear）或伯尼羅森蘋果（Berner Rosen apple）。其他像是櫻桃、杏桃，以及李子與其亞種（例如黑刺李、黃香李〔mirabelles〕）等帶核水果，也有這樣的應用。

用果渣與帶核水果製作出的**水果蒸餾酒**，在德國也稱為「fruit schnapps」。水果會先處理成果漿、發酵，然後蒸餾*，主要會以連續式蒸餾進行單次循環，讓酒精濃度達到80％。只有少數蒸餾廠偏好使用銅製單壺蒸餾器進行兩次蒸餾（初餾〔raw distillate〕與精餾〔fine distillate〕，酒精濃度大約會到70％）。飲用酒精濃度須至少37.5％，不過通常會更高。相反地，低果糖→莓果（berries）通常會以未發酵的果汁做蒸餾。

除了Schladerer之外，還有許多知名製造商，例如位於德國Freudenberg am Main的Ziegler；瑞士的Etter、Fassbind與Dettling；奧地利的Reisetbauer、Guglhof與Rochelt；以及位於法國的瑪瑟妮（Massenez）與Metté。小型製造商也同樣有相當傑出的酒款，例如位於德國法蘭科尼亞（Franconia）的Haas與Dirker，還有奧地利的

Hochmair、Parzmair與Schosser。美國加州的
聖喬治（St. George Spirits）也以實例建立了良
好聲譽。

* 在製作蘋果白蘭地與傑克蘋果時，必須先以不含任何
果肉的果汁發酵，然後進行蒸餾。

FRUIT LIQUEURS
水果利口酒

在無數製成利口酒的水果中，就屬柳橙
與櫻桃尤其重要。其他像是→柑橘類
（citrus）與莓果類，還有杏桃、李子與桃子也經常用於製
作水果利口酒。另外，還會出現以下各式風味：甜瓜（蜜多
麗〔Midori〕）、石榴（帕瑪〔Pama〕）、百香果（Alizé、
Passoã）、仙人掌果實（Pepino Cactus、Sabra、Tungi）與
荔枝（Kwai Feh），以及綜合熱帶水果（Hpnotiq、Safari）
和→梅酒（umeshu）。

水果白蘭地屬於一種特殊類型的水果利口酒，只能以李子、
柳橙、杏桃或櫻桃製成。基本上，白蘭地一詞是專為包含了
葡萄酒的烈酒所設，指定之水果蒸餾酒液（最終產品必須每
100公升含有至少5公升，且酒精濃度為40％；如→杏桃白蘭
地〔apricot brandy〕、→櫻桃白蘭地〔cherry
brandy〕）可與果汁及中性酒精混調。當水
果利口酒的含糖量為250公克／公升以上
時，就會稱為→香甜酒（crème）。

除了幾家知名的利口酒製造商，例
如Berentzen、波士（Bols）、卡騰
（Cartron）、Cusenier、迪凱堡（De
Kuyper）、吉法（Giffard）與瑪莉白莎

（Marie Brizard），許多水果蒸餾廠也有生產水果利口酒，像是Etter、Lantenhammer與聖喬治（St. George Spirits）。美國加州的Greenbar Distillery甚至還有推出有機酒款。

GEIST 果酒

這類酒款的製作方式，是將為發酵的水果與植物某些部位，放入高酒精濃度的中性酒精浸漬，接著將此酒液進行蒸餾。果酒的製作很常使用→莓果（berries），同樣也會添入像是堅果、咖啡、辛香料與植物等特產酒款中，另外也會與某些水果蒸餾酒（→水果白蘭地〔fruit brandies〕）混合。

GENEVER 杜松子酒

這是一種穀物蒸餾酒，此名詞通常會描述帶有→杜松子（juniper）風味的烈酒，雖然許多這類酒款的杜松子風味僅扮演相當次要的角色。2008年之後，杜松子酒便受到歐盟法

G

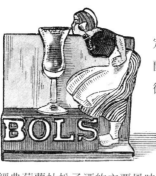

定原產區的保護，僅能在荷蘭、比利時、法國東北部、德國北萊茵—威斯特伐利亞（North Rhine-Westphalia）與法國下薩克森（Lower Saxony）生產。

經典荷蘭杜松子酒的主要風味，就是以圓潤麥芽包裹杜松子香氣；也稱為**斯希丹杜松子酒**（Schiedam genever），此酒名以原產地命名。杜松子酒以麥酒（moutwijn，讀音為「moutwine」）為基酒製作，並添加經過三階段蒸餾的裸麥、大麥麥芽與玉米的酒液，進而將酒精濃度提升至48％。接著，杜松漿果或其他調味料（茴香、藏茴香、芫荽）會倒入麥酒，然後再經過一次蒸餾，或是與中性酒精及調味過的蒸餾酒液混合。最後，酒精濃度會稀釋至適飲的35~38％。

這類酒款最受歡迎的，就是**新式杜松子酒**（jonge genever）。新式杜松子酒主要為中性酒精，風味特色則是來自麥酒與／或杜松子蒸餾酒液。當中性酒精以純穀物（graan）製作時，酒款就稱為**穀物杜松子酒**（Graanjenever）。

舊式杜松子酒（Oude genever）則是麥酒含量為15％。頂級杜松子酒款的麥酒比例可達50％，例如**波士**杜松子酒。舊式杜松子酒添加遠遠更多的辛香料，並且須在橡木桶熟成至少一年。

新式與舊式的原文字面意義為「年輕」與「老」，但年輕與老的描述為針對製作過程，而非蒸餾酒液的年數。新式杜松子酒是風格相對年輕的類型，並在20世紀中期漸漸

流行。**古老杜松子酒**（Zeer Oude genever）的「Oude」則是針對酒液的描述，意為經過長年熟成。

穀類杜松子酒（Korenwijn）的麥酒含量超過50%。經常以木桶熟成多年，最後裝於陶器。重要的荷蘭杜松子酒品牌包括**波克馬**（Bokma）、**波士**（Bols）、**漢克斯**（Henkes）、**坎特一號**（Ketel 1）、**路特**（Rutte）與**贊丹**（Zuidam）。

除了荷蘭，最重要的杜松子酒產國來有比利時，此處生產的杜松子酒通常為「jenever」；品牌包括**菲利斯**（Filliers）與St. Pol。比利時瓦隆（Wallonia）地區的杜松子酒也稱為「peket」。法國東北部法蘭德斯（Flandres）與阿托瓦（Artois）也擁有悠久的**杜松子酒**（Genièvre）傳統。法國Claeyssens生產的杜松子酒，完全以扁桃仁蒸餾酒為基底，該公司其他產品也是如此。德國的杜松子酒類型則包括Korngenever與→ 施泰因哈根（Steinhäger）。

多年來，杜松子酒一時被視為工人喝的粗製酒飲。不過，自從調酒師的酒譜展現對杜松子酒越發感興趣後，杜松子酒便在酒吧找到屬於自己的位置。另外，在美國稱為**荷蘭琴酒**（Holland gin）的杜松子酒，於1900年代受歡迎的程度甚至超越了英國琴酒。事實上，杜松子酒在某些調酒酒譜中，很適合用來替換今日常見的**倫敦干型琴酒**（London dry gin）。

GENTIAN 龍膽

更精確地說，是黃龍膽根。龍膽含有苦味物質，也是一種強效消化藥。它是許多→ 苦精開胃酒（bitter aperitifs）的特色來源，例如Avèze、**金巴利**（Campari）與**蘇茲**（Suze），另外還有稱為美國佬的開胃酒。這類酒款在

法國會稱為龍膽酒（Gentiane），例如多林（Dolin）生產的 Bonal，以及Henri Bardouin的酒款Gentiane de Lure。龍膽也是→草本苦精（herbal bitters）與→調酒苦精（cocktail bitters）相當重要的成分。

阿爾卑斯地區（Alpine Region）會以發酵的龍膽根製作蒸餾酒；酒精濃度最低為37.5％。這類酒款的品牌如格拉索（Grassl），另外，Lantenhammer還有推出桶陳的龍膽酒。

GIN 琴酒

此為一種烈酒，風味主要為→杜松子（juniper）與其他芳香植物，例如芫荽籽、歐白芷根（angelica root）、鳶尾根、桂皮（cassia）、柑橘皮、肉桂與甘草。琴酒的最低酒精濃度為37.5％。歐盟的琴酒分類規範如下：

琴酒（Gin）：混合天然或人工風味的中性酒精，可以額外添加增色劑或增甜。這類劣質產品常常會有一種發黴濕抹布的味道。

蒸餾琴酒（Distilled gin）：中性酒精與植物一同倒入傳統銅製蒸餾器，並進行蒸餾。不可額外添加香料。許多現代琴酒品牌的產品都屬於此類琴酒，也被稱為「新西式干型琴酒」（New Western Dry Gins）。例如紀凡（G'Vine）或亨利爵士（Hendrick's）的花香調琴酒，便是在蒸餾過程之後加入玫瑰與小黃瓜萃取液。杜松子的香氣偏向在其他風味背後襯托，而某些琴酒酒款的原創配方——例如添加桃子、羅勒、薄荷或是番紅花——不禁讓人懷疑純粹是行銷手段。

倫敦琴酒（London gin）：使用優質

酒精（通常為穀物蒸餾酒），只能與高品質的植物再度蒸餾一次。除了0.1公克的糖之外，不可以額外添加風味劑。

大型品牌所生產的酒款大多屬於這類琴酒，例如**坦奎利**（Tanqueray）、**高登**（Gordon's）、**英人牌**（Beefeater）與**龐貝藍鑽**（Bombay Sapphire）；1990年代的琴酒新流行浪潮就是龐貝藍鑽所帶起。倫敦琴酒也稱為倫敦干型琴酒，並且在1950年代起，便成為琴酒的主要風味。在此之前，琴酒的風味以**老湯姆**（Old Tom）與**普利茅斯**（Plymouth）兩大類為主。老湯姆琴酒比倫敦干型琴酒更甜，已經有一陣子完全消失於市面上，尤其是因為老湯姆調製廣受喜愛的琴通寧時並不可口。最近，某些公司再度開始生產老湯姆風格的酒款，例如**海曼**（Hayman's）、**傑森**（Jensen's）與**秘寶**（Secret Treasures）。

曾經香氣十足的普利茅斯琴酒如同皇家海軍一般，喪失其重要地位；皇家海軍的主要琴酒供應商就是位於英格蘭普利茅斯的**黑修士蒸餾廠**（Black Friars Distillery）。普利茅斯琴酒只能在普利茅斯生產。如今，普利茅斯琴酒的風味為順應大眾口味，已經轉為變得更細微且更不甜（除了普利茅斯，唯有在已有蒸餾琴酒數百年歷史的梅諾卡島〔Menorca〕生產的琴酒，才能稱為**馬翁琴酒**〔Gin de Mahón〕）。

琴酒鮮少會被直接純飲，這是一種理想的混調烈酒。充滿香氣、柔和且不過於強烈

的琴酒，能與香艾酒、苦精、果汁與利口酒混調出和諧的味道。琴酒的調酒無須其他烈酒的陪伴（尤其不用與伏特加混調），用來做成**沙瓦**、**庫伯樂**（cobblers）和**司令**、**費茲**與**可林斯**都相當完美，而且琴酒也是無數經典調酒的最佳基酒，例如**琴與苦**、**義式琴酒**、**內格羅尼**、**布朗克斯**與**白佳人**，當然還有調酒之王**馬丁尼**。不過，史上最受歡迎的琴酒調酒依舊是**琴通寧**。除了傳統的干型琴酒，例如**布思**（Booth's）、卡德漢（Cadenhead's）的Old Raj與施格蘭（Seagram's），最近還有許多很有趣的新興琴酒品牌，如Austrian Blue Gin、絲塔朵（Citadelle）、馬丁米勒韋斯特伯恩強度（Martin Miller's Westbourne Strength）與希普史密斯（Sipsmith）。

GOLDWASSER 金水利口酒

一種辛香料風味強烈的利口酒，主要風味源於小豆蔻（cardamom）、芫荽、豆蔻花、柑橘皮與→杜松子（juniper）。酒液中還包含一片片微小的金箔（約為16平方公分／公升）。金水利口酒最古老的品牌為來自但澤（Danzig）的Der Lachs，這也是為何此利口酒普遍被稱為**但澤金水**（Danziger Goldwasser）。其他品牌還有波士（Bols）的Gold Strike，以及義大利的Goldschläger（在產糖終於在19世紀中期有了工業製造規模之前，利口酒還是奢侈品）。添加了金箔之後，讓這款酒成為名符其實的奢華飲品。除了實際物質價值，據說黃金也有療癒功效。就連中世紀的煉金術師也會將黃金混入長生靈藥中。

GRAIN SPIRITS 穀物烈酒

除了甘蔗蒸餾酒，此類型酒款是最受歡迎的烈酒。全球最暢銷烈酒類型之一的 →伏特加（Vodka）、→琴酒（gin）、→杜松子酒（genever）以及 →義式蒸餾酒（acquavit），原本都屬於穀物烈酒。然而，由於伏特加如今可以使用農產原料的酒精製作，因此原料有可能使用大規模種植生產的甜菜。品質傑出的品牌都應該不會採用這類烈酒製作產品。唯有→ 柯恩酒（Korn）與→ 威士忌（whiskey）保證絕對不使用任何甜菜，

至少受到法定產區保護的酒款絕無添加，例如蘇格蘭威士忌、愛爾蘭威士忌、波本威士忌與加拿大威士忌。

大部分會將米類加工處理製作成烈酒的都在亞洲，例如→ 亞力（arak）、→ 燒酒（soju）。不過，中國地區的烈酒飲用量巨大，小米（millet）與小麥都是製酒的原料首選。中國的各式烈酒都被通稱為**白酒**。歐洲地區最熟悉的中國白酒應該就是來自貴州的**茅台**。中國最成功的品牌應是沱牌（Tuopai）。

GRAPPA 渣釀白蘭地

義大利的→ 果渣白蘭地（pomace brandy）在強大的蒸餾技術與聰明的行銷策略之下，如今已從農人的粗製蒸餾酒，成為高貴的消化酒。大部分的渣釀白蘭地都是由單純的蒸餾酒液組成，然而，大眾對此酒的認知也逐漸受到木桶熟成、純粹（單一葡萄品種）等奢華的渣釀白蘭地影響。渣釀白蘭地在德國──渣釀白蘭地最重要的進口市場──尤其流行，義大利風格在此地相當受歡迎。

以傳統單壺蒸餾器的兩次蒸餾，或是工業規模的連續式

B.ᴸᵒ NARDINI
DISTILLERIA A VAPORE

蒸餾，兩者皆可行。某些製造商還會同時採用兩者。蒸餾完成之後，酒液必須經過至少六個月的熟成，可陳放於氣密玻璃容器、木桶或大槽。熟成時間更長的渣釀白蘭地包括「invecchiata」（熟成時間為十二個月，其中至少六個月為木桶陳年），以及「riserva」或「stavecchia」（熟成時間為十八個月，其中至少六個月為木桶陳年）。

酒精濃度應是37.5~60％。可添加最多20％的糖分，天然或合成香料也是。渣釀白蘭地傳統上喜歡以草本讓簡單的蒸餾酒液更精緻，例如添加芳香的芸香（rue），做成芸香渣釀白蘭地（grappa alla ruta）。

大型品牌大部分都來自義大利北部，例如來自鐵恩提諾（Trentino）的**布魯諾皮爾澤**（Bruno Pilzer）、Pojer & Sandri；來自弗里尤利（Friuli）的Nonino；來自唯內多（Veneto）的市場先驅Nardini、Jacopo Poli；以及來自皮蒙（Piedmont）的Berta、Bocchino與瑪勒洛（Marolo）。托斯卡尼（費希娜〔Felsina〕）與西西里島（Giovi）也有生產高品質的渣釀白蘭地（→阿夸維特〔aquavite〕）。

GUIGNOLET 櫻桃利口酒

一種特殊的法國開胃酒：使用既甜且酸的櫻桃，帶核浸泡於酒精之後做成的水果利口酒。「Guignolet au Kirsch」類型的櫻桃利口酒，其製法是將水果浸泡於櫻桃蒸餾酒；「Guignolet Kirsch」則是在利口酒裝瓶之前，直接添加櫻桃蒸餾酒。主要製造商為Boudier、吉法（Giffard）、瑪莉白莎（Marie Brizard）與維尼（Vedrenne）。

HERBAL BITTERS
草本苦精

屬於→苦精（bitters）群
的一種烈酒，含糖量最高
為100公克（1/2杯）／公
升；因此草本苦精不能歸
類為→利口酒（liqueurs）。草本苦精傳統上會當作消化酒
飲用，因為據說其中高濃度的苦味物質（龍膽、苦艾、奎
寧、南薑或薑）具有刺激消化的功用。大多數消化苦精會
添加肉桂油也是為了此目的。草本苦精的酒精濃度為40％
以上。草本苦精包括→貝倫堡（Beerenburg）、→布內坎
普（Boonekamp）與→芙內（Fernet）等類型，品牌則有
Appenzeller Alpenbitter、Arquebuse de l'Hermitage、Ettaler
Kloster Magenbitter、Gammel Dansk、Kreuzritter、Meyer's
Deutsche Alpenkräuter、Underberg及Aromatique；在德國
被視為來自圖林根（Thuringia）的**香料苦精**。

HERBAL LIQUEURS 草本利口酒

此酒類型包含了國際暢銷公司，例如野格（Jägermeister）
品牌（旗下擁有30個遍及全球的暢銷烈酒品牌）與金巴利
（Campari）。不過，草本利口酒也源自古老的中世紀傳統
煉金術之名，當時的神奇靈藥可一路追溯至西方蒸餾史的起
點。其中獨特的蕁麻利口酒（Chartreuse）包含了130種神秘
原料（專為擁有高超藥草能力之人設計）；還有神聖珍貴的
花香調廊酒（Bénédictine），此酒為無數**修道院**利口酒立下
的長達數10年的標準，當然也是許許多多效仿酒款長年的範
本，例如Alpestre、貝赫洛夫卡（Becherovka）、Calisay、

加利亞諾（Galliano）、Izzara、女巫（Strega）以及區域特殊酒款，例如génépy；這是薩威（Savoy）至皮蒙一帶高山地區的草本利口酒。比起其他利口酒類型，絕大多數的草本利口酒都擁有更強烈的風味與更高的酒精濃度，而且一般都會直接純飲。→茴香利口酒（Aniseed liqueurs）、→苦精開胃酒（bitter aperitifs）、→苦精利口酒（bitter liqueurs）與→香料利口酒（spiced liqueurs）都屬於草本利口酒。

HIERBAS 藥草酒

西班牙的茴香利口酒，擁有原產地的法定產區保護：「Hierbas de Mallorca」（品牌Tunel）與「Hierbas Ibicencas」（品牌Marí Mayans）。根據酒款的含糖量，可以分為「dulce」（甜，酒精濃度大約是20%）、「mesclades」（中等甜，酒精濃度大約為30%）與「seco」（不甜，酒精濃度約為40%）。

HONEY 蜂蜜

蜂蜜是歷史上最古老的酒精基本原料之一。光是自然發酵，蜂蜜酒就可以轉化為酒精濃度最高16%，若是將其以水稀釋，就能簡單地做成蜂蜜酒（mead）。現今，法國仍有生產這類飲品，名為「hydromel」，當作家用的蜂蜜飲品。蜂蜜酒加入香料香草並蒸餾之後，就是美國人所謂的**調味蜂蜜酒**（metheglin）。蜂蜜利口酒（蜂蜜至少須含有2.5公斤／公升）在東歐擁有悠久傳統。在波蘭與立陶宛，蜂蜜利口酒稱為「krupnik」；另一種在德國稱為「Bärenfang」的蜂蜜利口酒（Bärenjäger則是一個相當知名的品牌），則是在東普

魯士（Prussia）發展。蜂蜜烈酒（酒精濃度須至少為35％）則比較不常見，例如來自Bootsma的Dutch Honey Bitter。

IRISH WHISKEY 愛爾蘭威士忌

愛爾蘭威士忌必須以橡木桶至少熟成三年，大多使用曾桶陳過波本威士忌、雪莉或波特的舊桶。酒精濃度最低為40％。絕大多數的愛爾蘭威士忌都含有各式穀物蒸餾酒液。例如，在北愛爾蘭的**老布希米爾蒸餾廠**（Old Bushmills Distillery），麥芽威士忌會以泥煤煙燻蒸餾產出，某種程度與→蘇格蘭威士忌（Scotch whisky）一樣（不同於蘇格蘭的兩次蒸餾，愛爾蘭威士忌會經過三次蒸餾，產出較為柔和的威士忌）。

接著，酒液會裝瓶成單一麥芽威士忌（最常這樣做），或是進行調和，混合的酒液採用來自**米爾頓蒸餾廠**（Midleton Distillery）的清淡穀物威士忌（例如**黑色布希**〔Black Bush〕）。各式各樣的威士忌誕生之地都在米爾頓蒸餾廠，這是位於愛爾蘭南部的巨大烈酒工廠。這些為**麥芽威士忌**（一樣是經過三次蒸餾），而非剛剛提到的穀物威士忌（使用任意種類穀物所製的風味相對較少的威士忌），然後還有最重要的就是確立了愛爾蘭威士忌榮光地位的**壺式蒸餾威士忌**。如同麥芽威士忌，這類酒款也是以壺式蒸餾器蒸餾，使用的原料不僅有發芽大麥，也有未發芽的。各式未發芽與已發芽大麥的比例，便能製成各式各樣的威士忌。同樣的概念也可以用在木桶熟成的方式與時間。未經調和就裝瓶的酒款相當稀有，稱為**純壺式蒸餾威士忌**，品牌例如**紅馥**（Redbreast）與**綠點**（Green Spot）。較多愛爾蘭威士忌都是混合了穀物威士忌的調和威士

I

忌，例如尊美淳（Jameson）或權力（Powers）。各式品牌的
差異，就在於壺式蒸餾威士忌的調和方式與比例。

庫利蒸餾廠（Cooley Distillery）與姐妹廠奇爾貝肯
（Kilbeggan）的酒款會讓人聯想到蘇格蘭威士忌，而且
就如同蘇格蘭，它們也僅經過兩次蒸餾；例如康尼馬拉
（Connemara）、洛克（Locke's）、泰爾康奈（Tyrconnell）
等酒款。

JAPANESE WHISKEY
日本威士忌

數十年之間，一直被視為蘇格蘭威士忌的拙劣仿效品。事實上，日本的蒸餾方式的確與蘇格蘭幾乎一致，用於調和的麥芽威士忌也是進口自蘇格蘭，產出的威士忌對於西方人的味蕾常常過於清淡。一方面，日本僅有八間活躍的蒸餾廠，很難供應各具特色的足夠威士忌酒液，以進行之後複雜的調和。另一方面，日本的目標是生產可以與細緻的日本料理搭配的威士忌。例如→ 燒酎（shochu）等清淡的混調酒款，會以大量的水稀釋（水割）之後，與食物一起享用。然而，除此之外，余市與白州兩間蒸餾廠，近期以兩款無與倫比的單一麥芽威士忌，以及「Super Nikka」等各式調和威士忌酒款，驚豔眾多專家。另外，三得利（Suntory）極美味的酒款響（Hibiki），也在國際間受到高度尊敬。

JARCEBINKA 亞爾切賓卡

捷克的→ 水果利口酒（fruit liqueur），其水果的酸味源自花楸、接骨木莓（elderberries）與黑刺李。不過，波蘭的亞澤比亞克（Jarzebiak）則是以花楸調味的伏特加。

JUNIPER 杜松

在15世紀開始，杜松就被當作增添烈酒香氣的原料。杜松的風味會大大影響→ 琴酒（gin）與→ 杜松子酒（genever）。然而，這兩種類型的酒也都包含了其他植物，再者，不同於

琴酒，杜松子酒不一定要使用杜松子。

→**施泰因哈根**（Steinhäger）、**柯恩**（Korn）與**Doppel-Wacholder**、**Machandel**（東普魯士）、**kranawitter**（提羅爾）、**ginipero**（義大利、瑞士）、**borovicka**（斯洛伐克）與**klekovaca**（前南斯拉夫）全都是僅以杜松子調味的酒類。通常是以穀物蒸餾酒與杜松子綠提（juniper lutter）或杜松子蒸餾酒液混合。

杜松子綠提是經過蒸餾的發酵杜松子。在進行蒸餾時，會將未發酵的杜松子倒入酒精，靜置一小段時間之後開始蒸餾。杜松子的烈酒最低酒精濃度為30％，Doppel-Wacholder類型的杜松子烈酒（品牌Eversbusch）的酒精濃度則是38％。

KORN 柯恩

來自威斯特伐利亞（Westphalia）、明斯特（Münsterland）與圖林根的德國穀物蒸餾酒。最低酒精濃度為32％，Kornbrand、Doppelkorn或Edelkorn等類型的柯恩，其酒精濃度則是38％。製作柯恩的原料主要是小麥、裸麥與大麥麥芽，另外還有燕麥與蕎麥。如今，絕大多數的柯恩酒款都是經由工業規模的蒸餾廠製造，酒液均為澄清且柔和，與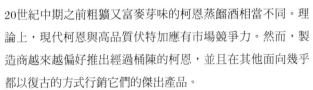

20世紀中期之前粗獷又富麥芽味的柯恩蒸餾酒相當不同。理論上，現代柯恩與高品質伏特加應有市場競爭力。然而，製造商越來越偏好推出經過桶陳的柯恩，並且在其他面向幾乎都以復古的方式行銷它們的傑出產品。

柯恩的品牌包括Strothmann Weizenkorn、Echter Nordhäuser、Doornkaat、Berentzen與俾斯麥公爵（Fürst Bismarck）。

KÜMMEL 柯米爾

柯米爾指的是酒精濃度至少為30％的烈酒與利口酒，其主要風味為藏茴香（caraway，Carum carvi）。絕大多數的柯米爾，都是帶有「藏茴香油」或「藏茴香蒸餾液」風味的調味穀物蒸餾酒，據說有舒緩痙攣與刺激消化的功效，通常會與啤酒或當作消化酒飲用。

柯米爾在歐洲東部與北部擁有悠久傳統。**藏茴香利口酒**由路卡斯・波士（Lucas Bols）在1557年帶出阿姆斯

特丹（Amsterdam），也是第一款柯米爾的商業產品。
「**Allasch**」是一種來自波羅的海（Baltic）的極甜藏茴香利口
酒，酒精濃度為40~45％，這款酒曾經在美國與大不列顛地區
掀起一股進口風潮。今日，只剩下兩個為人所知的品牌，分
別是Mentzendorff與Wolfschmidt，老英式高爾夫球俱樂部會
員尤其珍愛。

藏茴香烈酒通常可以等同於→阿夸維特（aquavit）。地區特
有的柯米爾類型包括德國北部的「**Koem**」，以及來自冰島且
充滿大地風味的「**Brennivín**」，其酒精濃度為37~60％。
知名的德國品牌，包括來自柏林的Gilka Kaiser Kümmel，以
及漢堡的**赫冰**（Helbing）。

LIMONCELLO 檸檬酒

義大利的→水果利口酒（fruit liqueur），
以檸檬表皮與糖浸漬於酒精；這是義大利
相當受歡迎的消化酒。根據西蒙·迪福德
（Simon Diffor）所言，檸檬酒真的就是
一款**沙瓦**。檸檬酒通常會在家飲用，也應
該冰鎮享用。值得注意的製造商為**勒薩多**
（Luxardo）、**Stock**（Limoncé）與**帕里尼**
（Pallini）。美國加州的**Loft**則有推出一
款檸檬香茅草（lemongrass）利口酒，稱為
「Lemongrass Cello」。

LIQUEURS 利口酒

根據歐盟的烈酒規範，利口酒的含糖量應是100公克（1/2
杯）／公升，且酒精濃度為15％。如此簡短的名詞因此
涵蓋了眾多酒類，從破爛的人工添糖洗碗水，到**蕁麻利口**

酒（Chartreuse）、廊酒
（Bénédictine）、柑曼怡
（Grand Marnier）等真正崇
高的調和酒款。歐盟也進一
步更精確地劃分部分特殊款
利口酒，例如→黑醋栗（cassis）、→香甜酒（crèmes）、
→蛋酒（eggnog）、→櫻桃利口酒（guignolet）、→瑪拉斯
奇諾櫻桃利口酒（maraschino）、→黑刺李琴酒（sloe gin）
與→杉布哈（Sambuca）。剩下的利口酒類型則是根據製造
方式（→乳化利口酒〔emulsified liqueur〕）、基酒（→威
士忌利口酒〔whiskey liqueur〕）或添加原料（→鮮奶油利
口酒〔cream liqueur〕）而定。各款利口酒的分類其實十分隨
意。例如，全球暢銷的**貝禮詩**（Baileys）利口酒便同時屬於
三個利口酒類型。

某些利口酒的分類會根據使用的原料，例如→苦精開胃酒
（bitter aperitif）；或是根據風味，例如→扁桃仁利口酒
（amaretto）、→阿瑪瑞（amaro）、→苦精利口酒（bitter
liqueur）、→柯米爾（kümmel）與→胡椒薄荷利口酒
（peppermint liqueur）。

這些酒款，絕大多數最終都能歸類成兩個最龐大也最古老
的類型：→草本利口酒（herbal liqueurs）與→水果利口酒
（fruit liqueurs）。兩大類型的利口酒，起點都是歐洲烈酒。
草本利口酒源自煉金術製備的療藥，這些療藥長久以來都歸
類於草本利口酒，主要也是因為它們的療癒特性（先不論它
們是否真有療效）。除了無數修道院利口酒，→香料利口酒
（spiced liqueurs）也屬於草本利口酒。

水果利口酒的發展，可能部分源於減緩自家蒸餾酒不平衡的
辛香調性。水果利口酒的製造常常僅是自家飲用，例如→

亞爾切賓卡（Jarcebinka）與→檸檬酒（limoncello）如今依舊主要是在東歐或義大利家庭生產。另一個家庭製作的經典利口酒則是玫瑰利口酒（rosolios），這款利口酒以玫瑰花瓣調味（例如Stock與Leonardo Spadoni，亦參見紫羅蘭香甜酒〔crème de violette〕）。許多水果利口酒都是單純為了之後的混調而製造，例如→杏桃白蘭地（apricot brandy）、→櫻桃白蘭地（cherry brandy）、→庫拉索（curaçao）、→橙皮利口酒（triple sec）與其他→柳橙利口酒（orange liqueurs）。

最初的利口酒類型為→蜂蜜利口酒（honey liqueur）、→咖啡利口酒（coffee liqueur）、→可可與巧克力利口酒（cocoa and chocolate liqueurs），以及→堅果利口酒（nut liqueur）。各品牌酒款品質不一的程度，就如同整個利口酒團隊中各式各樣類型般多元。一方面，草本利口酒擁有眾多高品質酒款，這些酒款的香氣與鮮活的原料特質，必須以精巧的方式處理，例如用老干邑白蘭地的方式桶陳水果混合酒液。

現代技術則產出了許多中性酒精、果汁與合成香料等原料，還有諸如泡泡糖糖漿（吉法〔Giffard〕）或草莓鮮奶油利口酒混合龍舌蘭（龍舌蘭玫瑰〔Tequila Rose〕）等荒謬酒款。其他還有標示各種名稱的利口酒，例如→利口酒（cordial）、→法勒南（Falernum）、→金水利口酒（Goldwasser）、→藥草酒（Hierbas）、→椰子利口酒（coconut liqueur）、→核果利口酒（noyau）、→帕恰蘭（Pacharán）、→紫羅蘭利口酒（parfait amour）、→多香果利口酒（Pimento Dram）、→皮姆（Pimm's）、→瑞典潘趣

（Swedish punsch）、→梅酒（umeshu）、→柑橘水果利口酒（citrus fruits）。

擁有豐富傳統的知名製造商，包括**波士**（Bols）、**迪凱堡**（De Kuyper）與**瑪莉白莎**（Marie Brizard）。**Berentzen**、**Boudier**、**吉法**（Giffard）、**勒薩多**（Luxardo），以及當然還有國際知名的烈酒集團**帝亞吉歐**（Diageo）與**保樂力加**（Pernod Ricard），都擁有範圍全面的利口酒。

MARASCHINO 瑪拉斯奇諾櫻桃利口酒

來自義大利的澄澈櫻桃利口酒，酒精濃度至少為24%，含糖量則是240公克（1杯）／公升。最古老且最著名的製造商，就是**勒薩多**（Luxardo）。

瑪拉斯奇諾櫻桃利口酒是許多經典調酒的關鍵原料，例如**飛行、布魯克林**與**馬丁尼茲**。其細緻與苦甜風味源於相當複雜的生產過程。首先，帶核瑪拉斯奇諾酸櫻桃會先榨汁，接著壓榨果肉，並與帶核水果及辛香料萃取物混合（果汁本身則留作他用）。這些混合物會進行兩次蒸餾，然後於木桶熟成至少三年，接著添加甜味並裝瓶。

MEDRONHO 梅德羅尼奧

此為葡萄牙的水果白蘭地，也被稱作是「aguardente de Medronho」（梅德羅尼奧蒸餾酒），在葡萄牙的阿加夫（Algarve）地區，以草莓樹（Arbutus unedo）的果實蒸餾製成——通常都在家中飲用，也會帶有一點果汁風味。

MEZCAL 梅斯卡爾

墨西哥的龍舌蘭蒸餾酒，酒精濃度至少36％。梅斯卡爾主要會在法定產區（DOC）瓦哈卡（Oaxaca）製作，但同樣也會在格雷羅（Guerrero）、杜蘭哥（Durango）、聖路易斯波托西（San Luis Potosí）與薩卡特卡斯（Zacatecas）生產。除了一

般會使用的espadin品種，還會用其他六種龍舌蘭。梅斯卡爾的製作方式與→龍舌蘭（tequila）一樣，但不同的是，梅斯卡爾一直以來都深植於農村之間。無數小型公司與釀酒合作社都推出各自獨立的酒款，這些酒款通常只在當地擁有重要性，沒有來自大型企業與國際關注的壓力；而這些蒸餾廠，許多都是由瓦哈卡的薩波特克人所引領。梅斯卡爾通常會被視為次級龍舌蘭，但會有此評價與缺乏市場性比較有關，而非風味不佳。擁有大地、強烈煙燻與草本風味的梅斯卡爾，其實沒有什麼好羞愧的。此酒款的製作也幾乎不會使用砂糖糖漿，但龍舌蘭的製作過程可以隨意添放（梅斯卡爾製

作過程中，允許在龍舌蘭果漿添加最多20％糖分，但龍舌蘭則是49％）。根據梅斯卡爾的儲存方式會有不同稱呼，例如**白**（blanco）、**陳年**（reposado）與**特陳**（añejo），這些稱呼可以同時用在梅斯卡爾與龍舌蘭（亦參見 tequila 龍舌蘭）。

只有少數品牌會出口優質品質酒款（品牌**蒙地亞蘭**〔Monte Alban〕與Gusano Rojo使用100％龍舌蘭），如今，只有這些品牌包含催情或致幻效果的蠕蟲（gusano），而這也是1950年代的行銷噱頭。

另外還有一種花招，某些梅斯卡爾的瓶頸掛有一小包蠕蟲鹽（混合了鹽、辣椒與蚯蚓）。飲用梅斯卡爾時，會附上一點點鹽與萊姆。

相較之下，**迪爾瑪蓋**（Del Maguey）與Alipús的「單一年份」梅斯卡爾顯得比較純粹。這些酒款會在蒸餾之後立即裝瓶，不會額外稀釋（酒精濃度可達55％）。受到釀造葡萄酒所重視的風土概念影響，這裡僅裝瓶小型鄉村蒸餾廠的純年份梅斯卡爾，這些酒款部分龍舌蘭為野生，例如極稀有的tobala龍舌蘭。

其他品牌（皆使用100％龍舌蘭）包括Don Amado、Don Luis、Los Danzantes、Oro de Oaxaca與Scorpion。

Noyau 核果利口酒

這是一種法國利口酒，主要風味來自水果果核（noyaux）。維尼（Vedrenne）推出的核果利口酒在法國當地相當知名。製作「Noyau de Poissy」（普瓦西核果利口酒）時，會將杏桃果核浸漬於雅瑪邑白蘭地與干邑白蘭地；「Noyau de Vernon」（維儂核果利口酒）時，則是將櫻桃果核與櫻桃白蘭地混合。「Crème de noyaux」（香甜核果利口酒）擁有苦扁桃仁的風味，出自波士（Bols）與 Hiram Walker，這款酒已全球流通。

Nut Liqueurs 堅果利口酒

擁有悠久傳統，尤其是西班牙、法國與義大利。義大利的→扁桃仁利口酒（amaretto）與品牌富蘭葛利（Frangelico）都採用皮蒙榛果，這類酒款在國際間十分暢銷。在法國，榛果會用來製成→榛果香甜酒（crème de noisette），品牌為吉法（Giffard）；在西班牙，則是將榛果做成榛果利口酒（licor de avellana）。核桃利口酒在義大利稱為「Walnut」，如 Leonardo Spadoni，以及 Toschi 生產的 Nocello。根據歐盟的規範，核桃利口酒的酒精濃度須為30％，且含糖量為100公克（1/2杯）公升。南提羅爾的版本稱為「Nusseler」。比薩（Pisa）是一個義大利品牌，採用榛果、扁桃仁與開心果製作酒款。卡斯翠（Castries）則是一款花生鮮奶油利口酒，以蘭姆酒為基底，生產自加勒比海的聖露西亞島（St. Lucia）。墨西哥的堅果利口酒，則是以龍舌蘭為基底，也稱為「almendrados」。眾人皆愛的→椰子利口酒（coconut liqueurs），也是一種堅果利口酒。

Orange Liqueurs
柳橙利口酒

這類酒款建立起最古老也最重要的 → 水果利口酒（fruit liqueurs）類型。塞維亞柳橙（Seville oranges）的果皮香氣是 → 庫拉索（curaçao）與橙皮利口酒（君度橙酒〔Cointreau〕）的主要風味。柳橙風味也是許多傳統品牌的一大特色，例如柑曼怡（Grand Marnier）與義大利的Aurum。Gran Gala也是來自義大利的品牌，另外Combier Orange來自法國、Sabra來自以色列，還有Angel d'Or則源自馬約卡島（Mallorca）。

安達盧西亞當地十分流行的一種柳橙利口酒，被稱作是「ponche」（Soto、Caballero）。在某些 → 香料葡萄酒（aromatized wines）與苦精開胃酒 → （bitter aperitifs）中，柳橙風味（ → 柑橘類水果〔citrus fruits〕）也是相當重要的角色。

Ouzo 烏佐

希臘的 → 茴香（aniseed）烈酒，酒精濃度至少須37.5%，含糖量則是最多50公克（¼杯）／公升。希臘烏佐最初是由葡萄蒸餾酒製成，並且會與茴香、茴香芹與甘草等其他植物一起再次蒸餾。今日，只有Barbayannis等頂級酒款才會如此製作。剩下的酒款，絕大多數都是「糖蜜蒸餾液」與最少20%的

「真正烏佐」混合而成，酒精濃度至少為55％。希臘勒斯博島（Lesbos）的城市普洛馬里（Plomari），是烏佐的生產中心。希臘目前唯一的品牌也稱為普洛馬里（Plomari），還有剛剛提到且最初源於此城市的Barbayannis。希臘全國最大型的蒸餾廠位於卡爾基第吉半島（Chalkidiki peninsula），推出的品牌為Tsantali。在德國市場占領先地位的品牌則是烏佐十二（Ouzo 12）。

齊普羅（Tsipouro）是一種→果渣白蘭地（pomace brandy），這款酒自14世紀便誕生，常常會以茴香增添風味，被視為烏佐的前身。1980年代之後，齊普羅才被允許進行商業銷售，至今，這類酒款的主要蒸餾與銷售對象，依舊是當地的葡萄酒農。就像是所有的農人烈酒／鄉村烈酒（Bauernschnäppse），齊普羅也有高酒精濃度且頗為粗製，但擁有相當迷人的風味。現在葡萄酒農也會生產高品質的齊普羅，例如來自Domaine Costa Lazaridi酒莊的「Idoniko」。

另一種與烏佐類似的烈酒，是來自希歐斯島（island Chios）的**乳香酒**（mastika）。除了茴香與茴香芹，這類酒款也會添加芬芳的開心果樹脂——乳香（mastic），優質酒款之一就是Skinos。

PACHARÁN 帕恰蘭

巴斯克的→水果利口酒（fruit liqueur），製作方式為將黑刺李浸漬於茴香蒸餾酒（每1公升的純酒精須至少包含250公克的水果）。酒精濃度介於25~30％。不可額外添加色素。最知名的品牌是Zoco與La Navarra。

PÁLINKA 帕林卡

匈牙利的名詞,意指→水果白蘭地(fruit brandies),以及在匈牙利任何場合都很受歡迎的→杏桃蒸餾酒(apricot distillates),品牌如**Barack Pálinka**。

PARFAIT AMOUR 紫羅蘭利口酒

一種→庫拉索(curaçao),但以丁香、芫荽、香草、扁桃仁與玫瑰花瓣調味,並且以酒精濃度25~30%裝瓶。波士(Bols)與瑪莉白莎(Marie Brizard)都有推出紫羅蘭利口酒酒款。

PASTIS 法國茴香酒

此名稱結合了所有添加→茴香(aniseed)的法國烈酒,酒精濃度至少40%,含糖量則最少100公克(½杯)公升。除了茴香B、八角與茴香芹,還會以甘草等其他植物調味。

「**Pastis de Marseille**」(馬賽茴香酒)必須含有大量茴香,且酒精濃度至少達45%。法國茴香酒是法國人最愛的烈酒(還有蘇格蘭威士忌),首度生產是在1930年,當時因為艾碧斯被禁止販售,因此成為其替代烈酒。法國茴香酒喝起來與艾碧斯相似,不過少了苦艾的苦味。

法國茴香酒以冷萃製作,意即其風味並非源於蒸餾過程,而是經過低溫的萃取,也就是各式各樣植物浸泡於酒精與水的混合液,接著再倒入大量酒精、水與焦糖。法國茴香酒通常會當作開胃酒,此時會以水稀釋。若是與糖漬柳橙皮及水調製,就是調酒摩爾人(Mauresque);與→胡椒薄荷利口酒

（peppermint）混調，即**鸚鵡**；與一口杯分量的石榴汁混調，就是**番茄汁**。

法國茴香酒最重要的品牌為**力加**（Ricard），此品牌擁有暢銷全球55種烈酒酒款。其他還有無數個較小型的品牌，如Pastis 51、Berger、Casanis、Janot與Henri Bardouin。

嚴格來說，**保樂**（Pernod）——唯一說得上大量出口的茴香利口酒——並不屬於法國茴香酒，因為它是以蒸餾植物萃取調味，而且不包含任何甘草或焦糖。

Peaches 桃子

桃子主要用於利口酒的製作。知名的酒款包括Peachtree、Pêcher Mignon與Pepino Peach。「Persico」是一款1970年代掀起熱潮的桃子利口酒，帶有櫻桃、桃子、苦精與扁桃仁風味，需要一點時間適應此口味，如今市面上已能夠購得。

「Crème de Pêche de Vigne」是一款法國布根地的特殊酒款，採用果園種植的桃子。知名的品牌Teichenné Melocotón源自西班牙，Archers則是加拿大的品牌。暢銷利口酒**金馥**（Southern Comfort）的風味裡，桃子便扮演了重要角色，Rinquinquin品牌的→奎寧開胃酒（quinquina）也是如此。

桃子白蘭地一詞從前代表了桃子利口酒（同樣地，杏桃與櫻桃白蘭地也是），目前歐盟規範不允許這般標示（→水果利口酒〔fruit liqueurs〕）。不過在美國，桃子白蘭地代表的就是桃子利口酒。例如，經

典的**喬治亞薄荷朱利普**不應使用桃子利口酒，而須採用桃子白蘭地（歐洲殖民者來到新世界後，首批生產的烈酒中，就包含了桃子蒸餾酒）。

PEPPERMINT LIQUERS 胡椒薄荷利口酒

這類利口酒的生產，絕大多數是為了製作→香甜酒（crème），其中還有含量可觀的薄荷腦，這類香甜酒傳統上會當作消化酒、純飲或調製成調酒，例如**藥劑師**與**毒刺**兩款調酒。經典的香甜酒品牌為Get 27與Menthe Pastille。「Dutch Vandermint」是一款巧克力薄荷利口酒，另外，來自義大利的「Centerbe」是一款薄荷味濃重的→草本利口酒（herbal liqueur）。

PIMENTO DRAM 多香果利口酒

以蘭姆為基酒，並以多香果（Pimenta officinalis）調味的牙買加→草本利口酒（herbal liqueuer）。最知名的製造商為Wray & Nephew。

PIMM'S N°1 CUP 皮姆一號

一款特殊的英國利口酒，以琴酒為基底，酒精濃度為25％，並添加香料香草與水果風味。調酒皮姆混調了檸檬水、薑汁汽水或香檳，並以大量水果與蔬菜裝飾。

延續皮姆前五款，並以伏特加為基底的**皮姆六號**（Pimm's N°6）以及**皮姆冬季杯**（Pimm's Winter Cup），是如今所剩的

皮姆酒款。

皮姆還有一個小卻精緻的競爭對手——普利茅斯綜合水果杯（Plymouth Fruit Cup）——其酒精濃度為30%，以普利茅斯琴酒、水果利口酒、水果萃取物與香料苦精製作。

PISCO 皮斯可

這是最初來自秘魯的拉丁美洲→白蘭地（brandy），如今它的家鄉已落腳智利。在秘魯與智利兩國，皮斯可的製程與風味都極為不同。**智利皮斯可**混合了無數種葡萄製成，例如蜜思嘉（Muscat）、佩德羅希梅內斯（Pedro Ximénez）與Torontel等葡萄品種。蒸餾之後可以經過木桶熟成，但通常只會倒入無風味影響的大槽靜置一段時間，然後以水稀釋至適飲強度後裝瓶。

根據酒精濃度的不同，可以區分出以下不同皮斯可：「Pisco Tradicional」（傳統皮斯可，酒精濃度為30~34%）、「Pisco Especial」（獨特皮斯可，酒精濃度35%）、「Pisco Reservado」（特製皮斯可，酒精濃度40%）與「Gran Pisco」（旗艦皮斯可，酒精濃度41~50%）。

這些白蘭地酒款顯著的甜度，經常會帶著讓人想起渣釀白蘭地*的粗獷果香，不禁令人想大喊：「快給我來一杯**皮斯可沙瓦**或**皮斯可樂**（Piscola，智利版的自由古巴）。」

在很長的一段時間裡，只有智利會出口自家皮斯可（市場引領品牌為凱柏〔Capel〕，其他知名的酒款還包括Control與Alto del Carmen）。不過，在本世紀初，國際間開始出現更多的秘魯產品。今日，秘魯的皮斯可被視為較有趣（多元）的皮斯可類型。

秘魯皮斯可的特色就是細緻的甜味，以及幾乎優雅的花香清亮感，可分為**純**（puro）、**混合**（acholado）與**半發酵**（mosto verde）三種。

純皮斯可是一種未經混合的皮斯可，必須只以八種規定的葡萄品種之一製作，這八種葡萄分別是非芳香型品種Quebranta、Negra Criolla、Mollar與Uvina，以及芳香型品種Italia、Torontel、Albilla與蜜思卡特（Moscatel）。最知名的純皮斯可酒款，就是「Pisco Quebranta」與「Pisco Italia」。

混合皮斯可則是混合了非芳香型與芳香型的葡萄。

半發酵皮斯可則是使用部分發酵葡萄果汁製作純皮斯可。果汁中的殘糖會帶來額外甜感，以及些許「綠色」風味。未發酵類型的後方也可以接上葡萄品種名，例如「Pisco Mosto Verde Italia」與「Pisco Mosto Verde Torontel」。

這些酒款會以銅製蒸餾器（falcas）蒸餾至酒精濃度42~52%，接著倒入陶、玻璃或不鏽鋼容器儲存至少3個月，直到酒精蒸發至理想的適飲強度（酒精濃度40~43%）；秘魯不允許以稀釋的方式降低酒精濃度，也不可陳放在木桶。推薦品牌：Ocucaje、Tacama與Viñas de Oro。

* 這也許是以果渣蒸餾皮斯可的想法起源。

PLUMS 李子

李（plums）與大母松李（damsons）會在許多歐洲國家做成
→水果白蘭地（fruit brandies）。這些酒款在德國通常會稱
為「Zwetschgenwasser」；在瑞士稱為「Pflümli」；法國
稱為「quetsch」或「eau de vie de prune」；在巴爾幹半島
稱為「Slivovitz」、「Slivova」或「Slivovica」；在義大利
稱為「Sliwovitz」與「Zwetschgeler」；而在羅馬尼亞叫作
「tzuika」。這些白蘭地許多都有桶陳版本（Alte Pflaume、
Vieille Prune）。類似李子的水果也會用來製作白蘭地，例如
黃香李與zibartes，但就如同李子，這類水果也很少用來製作
利口酒。

黑刺李充其量已經可以算是不錯的利口酒原料了（→帕恰
蘭〔Pacharán〕、→黑刺李琴酒〔sloe gin〕）。→梅酒
（Umeshu）則是日本的特別酒款。

POMACE BRANDIES 果渣白蘭地

果渣白蘭地也稱為「marc」或義大利的「渣釀白蘭地」
（grappa），以發酵過的果渣（葡萄為製作葡萄酒進行壓榨
所剩的果渣，主要為果皮）進行蒸餾。酒精濃度最低應為
37.5%，未混合葡萄品種的酒款之最低酒精濃度則是38%。

在德國與奧地利的果渣白蘭地，已經成為唯有數間水果蒸餾
廠（Marder、Vallendar、Reisetbauer）生產的小眾市場酒類
時，反觀義大利的→渣釀白蘭地（grappa）則是大量生產。
其他葡萄酒產國也有數量不低的產量。在法國，知名的果渣
白蘭地類型，包括「marc de Champagne」（香檳果渣白蘭
地）與「marc du Bourgogne」（布根地果渣白蘭地）；葡萄
牙則有「bagaceira」；西班牙也有「orujo」；希臘則是齊普
羅（→烏佐〔ouzo〕）。

PORT 波特

在葡萄牙北部斗羅河谷（Doura Valley），
以→葡萄酒（Wine）添加酒精做成的
酒款（受到原產地法定產區保護）。葡
萄酒基酒會混合高酒精濃度的葡萄酒蒸
餾液（→葡式蒸餾酒〔aguardente〕），
進而創造各式各樣的波特類型（酒精濃度
介於17~20％），採用的葡萄品種超過40　　　種　，且
皆種植於這片地理位置與氣候條件獨特之處。

白波特（White port）較不甜，是單純的開胃酒。最常見的波
特類型是充滿水果香甜的**紅寶石波特**（ruby port），可以當作
開胃酒或消化酒。**茶色波特**（Tawny port）可以是直接混合紅
與白波特製成的單純、清爽酒款，但在陳年10~40年之後，也
可以成為傑出且優雅的酒款。以上三種波特類型都能與不同
葡萄、種植地與年份混調，而**木桶陳釀**（Colheitas）類型則
僅能使用同一年的葡萄。除了這些經過木桶熟成的酒款（**桶
陳波特**），還有在瓶中達到完全熟成的酒
款，這需要更長的時間，但酒款也會因此
更細緻。

遲裝瓶年份波特（Late Bottled
Vintage ports）是單一年份的
波特，先經過4~6年的桶陳

再裝瓶，並在瓶中持續多年發展。**酒渣波特**（Crusted ports）
與**年份特色波特**（Vintage Character ports）也都是在瓶中熟
成，但它們的年份不同。不過，真正的年份波特只會在極好
的年份製作，而且僅僅經過兩年木桶熟成，就進行裝瓶。這
些酒款擁有極為強大的陳年潛力（有世紀波特之稱的1927或
1948年，發展至今已經變得很難負擔得起），能為品飲者帶
來令人讚嘆的絕佳飲酒經驗。近幾年的絕妙年份包括1985、
1991、1992、1994、1997、2000、2003與2007。瓶陳波特在
飲用之前須醒酒，以除去酒渣。適合室溫品嘗，可以當作傑
出的消化酒，好喝到不應該以之調酒。但是，簡單的紅寶石
波特與香艾酒及干邑白蘭地能譜出和諧的樂章。

重要的波特製造商為Taylor、Graham's、Warre's、
Fonseca、Niepoort、Noval與Cockburn's。

QUINQUINAS 奎寧開胃酒

在法文裡，這個字代表稍微苦一點的 →香料葡萄酒（aromatized wines），其中奎寧扮演了關鍵角色。知名品牌包括Byrrh、多寶力（Dubonnet）與聖拉斐爾（St. Raphael）。來自科西嘉島的酒款「Cap Corse」屬於Mattei，添加桃子風味的Rinquinquin也源於此品牌。在義大利奎寧開胃酒被稱為「chinato」，品牌包括公雞（Cocchi）與瑪勒洛（Marolo）。

某些開胃酒，例如Ambassadeur與Lillet（舊稱為Kina Lillet），最初設計為做成奎寧開胃酒，但今日的配方更受柳橙風味的影響，因此可歸類為香料葡萄酒。

奎寧也會被用來做成 →調酒苦精（cocktail bitters）與許多 →草本利口酒（herbal liqueurs），例如Calisay、吉那馬丁尼（China Martini）與皮康（Picon）。

RAKI 拉克

這是一種以葡萄、葡萄乾或無花果蒸餾酒為基底（稱為suma）的土耳其茴香酒。「suma」會再與茴香，也許還有茴香芹（50~100公克〔¼~½杯〕／公升），再經過一次蒸餾，然後陳放於橡木桶1~3個月，接著以水與4~6公克／公升的糖稀釋至適飲強度，酒精濃度43~50％。

拉克最重要的品牌是Yeni Raki（市占率高超過九成）。頂級酒款包括Altinbas與某種程度上更甜的Kulüp Rakisi。以上三個品牌都源於酒精為國家獨產的時期，此時期在千禧年之後結束。自此，各式酒類便迸生出各式各樣的新品牌，而拉克在土耳其的飲用量也隨之下滑。

在巴爾幹半島地區，拉克一詞用來代表一般以發酵水果做成的烈酒。此名詞源於阿拉伯語的「arak」，意為發酵／蒸餾，此名詞在亞洲代表了所有烈酒（→亞力〔arak〕）

R

ROCK AND RYE 冰糖威士忌

此種酒混合了裸麥威士忌、冰糖與整顆檸檬、桃子或其他水果的香甜酒類，打從19世紀中期開始，這類酒飲就出現在美國的酒吧與藥櫃（治療咳嗽）。今日，冰糖威士忌可以在品牌Leroux與Jacquin's買到，酒精濃度為40％，另外在**波士頓先生**（Mr. Boston）也有出一款混合利口酒（酒精濃度28％）。不過，目前也有越來越多酒吧推出了自製冰糖威士忌。

Rum 蘭姆酒

為一種源自於加勒比海地區的蔗糖蒸餾酒，今日，如同所有最受歡迎的烈酒，全球各大洲都有生產。蘭姆酒的蒸餾生產規範很少；甘蔗必須是主要原料。某些國家會規定蘭姆酒的最短熟成時間（波多黎各規定最短一年，委內瑞拉則是最短須兩年），有的則是須標示最早蒸餾酒液的年數，如同其他烈酒。在歐盟，蘭姆酒的酒精濃度必須最低達37.5%，並且不可額外添加糖。[*]

幾乎所有蘭姆酒都是以糖蜜製作；糖蜜是一種蔗糖製作過程產生的副產品。因此，根據不同的製作過程，便漸漸產生各式各樣的蘭姆酒類型。

深蘭姆酒（heavy dark rums）是最古老的類型，起源地是前英屬加勒比海的區域。這類蘭姆酒的粗獷、芳香且甜蜜糖蜜風味，源自長時間的發酵過程，以及兩次的壺式蒸餾。多年桶陳與使用大量經過焦糖化的糖分，使得這類蘭姆酒擁有深沉的酒色。不同品牌擁有各自不同的蒸餾酒液組成配方，這些蒸餾酒液可以源自無數蒸餾廠與各種植物蒸餾酒液。

深蘭姆酒的經典品牌：來自牙買加的普爾頓莊園（Appleton Estate）、摩根船長（Captain Morgan）、麥斯（Myers's）與Wray & Nephew；來自百慕達群島的高斯林（Gosling's）；以及巴貝多的奇峰（Mount Gay）。某些酒款會以來自不同島嶼的各種蒸餾酒液混調。某些像是Lamb's與Pusser's海軍強度蘭姆酒的酒款，則

---

[*] 在美國極為流行的辛香料蘭姆酒，到了歐盟地區，就與所有添加香料的蘭姆酒一樣，都只能以「烈酒」一詞販售。不過，在蒸餾之前的榨汁階段添加果汁或樹皮等植物香氣的做法，雖然在加勒比海地區不常見，但並未違反規則。

是混合了**德梅拉拉**（Demerara）；這是一種豐厚且充滿果香的蘭姆酒，源自蓋亞那（Guyana），例如品牌**杜蘭朵**（El Dorado）。

還有一種來自加勒比海西語區且相當不同的蘭姆酒類型：**輕酒體白蘭姆酒**（light-bodied white rums），由品牌**百加得**（Bacardi）所發展；百加得在波多黎各生產了全球最暢銷的蘭姆酒之一。一段短暫的發酵過程，再加上高效率的蒸餾階段，就能產出澄澈、香甜且非常美味的蘭姆酒。除了百加得，當然也不能不提到古巴的**哈瓦那俱樂部**（Havana Club），還有來自多明尼加共和國的**布格**（Brugal）。這些清淡的蘭姆酒同樣混調了不同蒸餾酒液。絕大多數都是調製成調酒飲用的白蘭姆酒，如今可謂主導了全球市場，不過所有蘭姆酒製造商都仍有生產更豐郁且酒色更深的類型。**陳年**（añejos）蘭姆酒類型通常須桶陳1~3年。**深**（dark）、**黃金**（golden）與**金色**（oro）等名詞代表的是焦糖的用量（如前所述，這方面沒有任何規範）。

除了酒色，許多這類蘭姆酒都與傳統英式蘭姆酒的差異極大。它們的酒體常常較輕，但能在長時間桶陳之後，發展出令人驚豔且多元的風味。近期，高價位的柔順且平衡的蘭姆酒酒款尤其流行，品牌包括**安格仕**（Angostura）、Cruzan Estates、Malecon、Pampero Aniversario、**萊特**（Pyrat）

與Santa Teresa等。在瓜地馬拉蒸餾生產的Botran與薩凱帕（Zacapa）品牌酒款也屬於此類型，雖非使用糖蜜，但依舊是採用以甘蔗汁做成的糖漿。

農業蘭姆酒（Rhum agricole）是一種源自於前法屬殖民地的烈酒，產量僅占全球所有蘭姆酒的2％，目前也漸漸受到關注。農業蘭姆酒並非使用糖蜜，而是以甘蔗糖漿製造，絕大多數以高酒精濃度裝瓶（酒精濃度為45~60％）。在無數蒸餾廠（部分規模很小）中，也出現了某些很獨特的蒸餾廠。一般而言，這類酒款會在經過一段短暫的桶陳之後，以**白蘭姆酒**（rhum blanc）之名裝瓶，或是桶陳一小段時間之後添加焦糖，再經過數年桶陳之後，以**深蘭姆酒**之名推出。這些通常都是相當傑出的蘭姆酒——宏大、複雜且強烈——擁有與其他棕褐色烈酒匹敵的能力，且不常經過混調。品牌包括來自馬丁尼可（Martinique）法定產區的克萊蒙（Clément）、Depaz、La Favorite、Neisson、聖詹姆斯（Saint James）與Trois Rivières；來自海地的Barbancourt；以及來自留尼旺法定產區的Rivière du Mat。現在還有來自千里達（Trinidad）的英國農業蘭姆酒（Rhum agricole），酒款名為10 Cane。

如前所述，蘭姆酒也可以在加勒比海境外生產。全球最暢銷的品牌之一，就是如同焦糖的坦督利（Tanduay），不過僅在菲律賓大量銷售。印度也大規模地生產蘭姆酒，例如歐洲也可以購得的Old Monk。澳洲人則是熱愛本國自家生產的賓德寶（Bundaberg）。

調和蘭姆酒（Rum blend）以至少5％的蘭姆酒，混合中性酒精、水與焦糖。自2009年，這類蘭姆酒便必須標示為烈

酒,而「調和蘭姆酒」一詞僅能在酒標以次要資訊標示。

蘭姆酒(還有琴酒)是調酒最重要的烈酒。18世紀的**拓荒者潘趣**是由加勒比海殖民者以糖與檸檬汁攪拌混合而成,從這款調酒的前身**小潘趣**,一路到維多莉亞時代的潘趣與托迪,蘭姆調酒的聲勢逐漸在1940年代的美國水漲船高。當時,唐・畢區(Don the Beachcomber,號稱巨浪)與維克多・伯傑隆(Victor "Trader Vic" Bergeron,號稱商人維克),開啟了提基(tiki)風潮,同時也帶起了殭屍(Zombie)與邁泰(Mai Tai)的流行。同一時間的古巴,海明威與酒商以黛克瑞與莫希多,重挫島上的蘭姆酒銷量。

不論是**司令、沙瓦、費茲**與**古典雞尾酒**,蘭姆酒皆恪盡職守。**自由古巴**與**鳳梨可樂達**裡的蘭姆酒,尤其受到許多人的喜愛。

在製作利口酒方面,蘭姆酒一樣十分實用:→椰子利口酒(coconut liqueur),品牌**馬里布**(Malibu);→多香果利口酒(Pimento Dram);柑橘利口酒(→ citrus liqueur),品牌 Nassau Royale;以及 Sangster's 的滑潤利口酒。

SAKE 清酒

以發酵米類製作的日本酒飲，以西方標準而言，清酒歸類於
啤酒，因為其酒精直接來自穀物澱粉（而且不像葡萄酒的酒
精是由果糖轉化）。清酒的品質優劣由許多因素影響，包括
採用的白米類型、米粒經過的精煉程度、製程是否添加穀物
酒精、添加多少等。米粒的研磨會減少原料量，但能讓之後
的發酵過程變得更容易，同時也會帶出清酒較淡雅、細緻的
風味。不論其他任何條件，高度研磨（甚至有研磨到僅剩下
30％米量的極端例子）便代表了較高的價格，風味最終也可
能因此喪失。酒精的添加也是有類似的矛盾，因為若是添加
某種程度的酒精，清酒的風味就能變得更圓潤，但若添加過
多，就會變得平乏無味。基本上，有三大具備成為卓越清酒
潛力的類型。

絕大多數的清酒都屬於**普通酒**（futsushu）類型，使用只經過
稍微研磨的米，也會添加大量蒸餾酒。這是亞洲餐廳的標準
酒類，通常會用加熱的方式，掩蓋風味的不均。

本釀造（Honjozo）類型的清酒，使用經過至少除去30％米量的研磨，也只添加一點點酒精。**純米酒**（Junmai）類型的用米稱為精米步合（seimaibuai）70％；意為拋光研磨除去30％的米量。而且，純米酒的釀造過程不可添加其他任何酒精，純粹僅有發酵米，常常比精緻的本釀造顯得更強烈。本釀造與純米酒都被視為高品質的清酒。精米程度更高的清酒類型稱為**吟釀**（ginjo），精米步合60％；**大吟釀**（Daiginjo），精米步合50~30％。這種等級的清酒絕大多數都是冷飲，因此溫度較容易帶出它們的果香。頂端品質的上等清酒之差異其實相當幽微，未經訓練的味蕾很難嚐得出來。

如今，清酒也漸漸成為調酒的原料之一（純飲主義者的一大夢魘）。清酒尤其適合較清淡的飲品，而且與琴酒的搭配相當美妙。

品牌：頂級清酒如利休梅（Rikyubai）或大谷酒（Takaisami）在歐洲覓得的困難程度，就如同想要在日本境內找到極知名的劍菱（Kenbishi）一樣。可以在日本購得的推薦品牌為玉乃光（Tamanohikari）與八海山（Hakkaisan）。清酒開瓶之後，可以持續保留1~2週。

SAMBUCA 杉布哈

義大利茴香利口酒，酒精濃度須至少為38％，含糖量為350公克（1½杯）／公升。杉布哈是義大利文，意指接骨木，因此常有人說杉布哈帶有接骨木的風味。

事實上，接骨木並未參與製作杉布哈的任何環節；此名可能源自一個古老的名詞，杉布切利（sambuchelli），意為伊斯嘉島（Ischia）上的茴香商。1851年，路易吉·曼濟（Luigi

Manzi）推出杉布哈酒款的地點，就是伊斯嘉島。

傳統上，杉布哈會倒入咖啡或直接當作消化酒享用，義大利之外的人們也喜歡燃燒杉布哈的效果。將咀嚼過的幾顆咖啡豆放入裝著杉布哈的酒杯中，如此能為這款利口酒的甜味帶來怡人的反差，據說這般飲用也能增加刺激消化的特質。

羅馬的Molinari推出的杉布哈具有市場領先地位（酒精濃度42％），這款酒也是義大利最暢銷的利口酒之一。其他品牌包括Stock、Dei Cesari與莎蘿娜（Illva Saronno）。某些公司也有推出咖啡口味的黑杉布哈，甜度比原版甚至更高。

SCOTCH WHISKY 蘇格蘭威士忌

蘇格蘭的穀物蒸餾酒（擁有原產地法定保護），包括麥芽、穀物與調和威士忌。最知名的蘇格蘭**調和威士忌**品牌，包括約翰走路（Johnnie Walker）、百齡罈（Ballantines）、J & B 與起瓦士（Chivas Regal）；起瓦士是全球最知名的烈酒之一。調和威士忌是以最多可達55種不同穀物與麥芽蒸餾酒液，所創造出細緻平衡的混合酒液。

穀物威士忌是風味不多、酒體輕的蒸餾酒液，使用玉米或小麥製作，用以收斂麥芽威士忌的鋒芒，也因此，蘇格蘭威士忌才有了在全球獲得如此龐大成功的機會。

麥芽威士忌則是蘇格蘭最古老的威士忌類型，通常會以壺式蒸餾器將發酵過的大麥麥芽經過兩次蒸餾。接著，在橡木桶熟成至少三年（通常採用波本舊桶），裝瓶前以水稀釋至適飲強度（酒精濃度40％）。在發酵階段，果香與花香調性就已經出現。大麥發芽的過程不僅給予蘇格蘭威士忌那細微甜味，

也會在進行烘窯（kiln）加熱時，增添酒液其經典的煙燻與泥煤風味。蒸餾方式與時間長度對麥芽威士忌的酒體而言，是相當關鍵的要素，而桶陳蘇格蘭威士忌之所以如此獨特，在於這段熟成期間賦予酒液的酒色以及大量豐厚的風味。

某些威士忌蒸餾廠擁有聰明的木桶管理系統，讓它們的麥芽威士忌靜靜地在雪莉、波特、蘭姆等各種酒類的舊桶熟成。威士忌也會在此時增添額外的風味，並逐漸柔潤。

用以進行製作調和威士忌的蒸餾酒液占比最高。以麥芽威士忌裝瓶的酒液僅占 $1/10$；調和麥芽威士忌（vatted malt/blended malt）遠遠更為常見，相較於僅能使用單一蒸餾廠酒液的**單一麥芽威士忌**，調和麥芽威士忌則是以許多蒸餾廠酒液混合而成。蘇格蘭威士忌鮮明的獨有特色、優雅，以及許多單一麥芽威士忌那必須花點時間愛上的嚴峻泥煤風味，在在讓蘇格蘭麥芽威士忌坐穩其國際酒類菁英的名望。雅柏（Ardbeg）、**麥卡倫**（Macallan）與雲頂（Spring-bank）等蒸餾廠，甚至在某些圈子裡擁有近乎邪教的地位。除此之外，還有像是格蘭菲迪（Glenfiddich）、**格蘭利威**（Glenlivet）與格蘭傑（Glenmorangie），還有其他頂級品牌，如百富（Balvenie）、布萊迪（Bruichladdich）、克萊力士（Clynelish）、格蘭路思（Glenrothes）、拉加維林（Lagavulin）與大力斯可（Talisker）等。其中還有一種十分獨特的類型，單桶（single cask）。因為每一個木桶中的威士忌都是獨一無二的。一般而言，各個木桶中的威士忌酒液，都是為了之後調和成穩定的酒款。不過，如果單一木桶熟成

的酒液裝瓶成單一酒款，這種稀有酒款就僅只數百瓶。這種單桶威士忌，通常會以未稀釋的原桶強度裝瓶。

一般而言，麥芽威士忌會純飲。冰塊與水（或蘇打水）則是蘇格蘭調和威士忌的首選品嚐方式。兩種威士忌類型的酒款都僅僅稍微適合調酒。

SHERRY 雪莉

西班牙葡萄酒與酒精一起混合製成雪莉；酒精須來自安達盧西亞一帶的指定種植區赫雷斯（Jerez）。雪莉的製作融合了精巧與細緻的技術，其酒窖管理能以相對單純的白酒（帕洛米諾、蜜思卡特、佩德羅希梅內斯等品種）萃取出各式各樣獨特的風味：從輕盈、細緻的**芬諾**（fino）與**曼薩尼亞**（manzanilla），以及帶有新鮮扁桃仁與柑橘風味且有時不甜的開胃酒雪莉，到酒體飽滿並帶有琥珀至紅木酒色的**阿蒙提亞多**（amontillados）與**歐羅索**（olorosos），這類豐厚酒款即使風味極為複雜，依舊能夠是相當不甜到糖漿般深色甜點酒；即**奶油雪莉**（cream sherry）與更罕見的**佩德羅希梅內斯**（Pedro Ximenéz）等。

各種雪莉類型的劃分，是根據發酵過程、時間，以及高強度酒精的品質。酒液在索雷拉（solera）系統中的熟成時間長度，也是品質的關鍵之一。索雷拉一詞代表的是一種特殊的

系統，用以持續混合單一類型雪莉的多年與年輕酒液，時段最短三年（此過程就是在未裝滿的特定年份雪莉酒桶中，倒入上一個年份的酒液，以此類推）。不過，較大型酒廠會將少數酒款出口，此時經常只標示了**不甜**、**中等甜度**與**奶油雪莉**等，有時還會標示後續更高的甜度（例如為了重

要的英國市場）。這也僅是雪莉極度多元的冰山一角，西班牙之外的消費者，現在已經緩慢地發現雪莉遠遠不止堤歐（Tio Pepe，來自Gonzáles Byass的芬諾雪莉）、Sandemann Medium與Harveys Bristol Cream等大型品牌。

露絲道（Lustau）、Hidalgo，以及令人印象深刻的Bodegas Tradición，這些小型酒莊也生產了許多值得推薦的酒款。某些酒莊也有推出半瓶裝的酒款，這種做法頗為合理，因為雪莉的上架期限並非很長。芬諾與曼薩尼亞不應開瓶之後超過數天還未飲盡（適飲溫度為8~10℃），酒色更深的雪莉開瓶後則可以再放數週（試飲溫度為18℃）。

雪莉一直頗為適合調製成調酒。尤其適合與香艾酒、干邑白蘭地／白蘭地搭配，與琴酒一起調製更是極為傑出。

SHOCHU 燒酎

此為以米、大麥、小米、燕麥或蔗糖混合酒精的澄澈日本酒，酒精濃度介於20~45％。這類酒的原料風味，通常只能在享用傳統或簡單的蒸餾燒酎（如**本格燒酎**〔honkaku〕或**乙類燒酎**〔otsushu〕）酒款時喝得出來。香氣最微薄的類型為經過多次蒸餾的**甲類燒酎**（korui），通常喝起來接近中性酒精。

燒酎長期以來被視為窮人的烈酒，但自從1990年代，正統**本格燒酎**開始越來越受到歡迎；如今，它的飲用量甚至已經超過了清酒（sake）。燒酎能夠純飲、加冰塊，或以水、茶、果汁或檸檬水做成**高球**，在調酒製作過程也越來越常使用燒酎。越來越多西方吧檯手都發現了日本燒酎，並且試著以這類「日本伏特加」，將亞洲風帶進自己的調酒中。

在歐洲市場中最為知名的燒酎品牌，就是簡單的**玉極閣**（Iichiko）；而日本當地最大型的品牌則是**大五郎**（Daigoro）。另一個與燒酎關係相當緊密的類型是帶微酸的**泡盛**（awamori），這也是日本最古老的烈酒。泡盛於沖繩以一種特殊的米類生產，也採用與燒酎不同的酵母菌。稱為**古酒泡盛**（kusu awamori）的類型必須陳放至少三年，但只有酒標標有「100％古酒」，才能保證至少經過三年陳放。簡單的古酒最高可以含有49％的新鮮蒸餾酒液。

在韓國，被大量喝下肚的則是**燒酒**（韓國的版本）。**真露燒酒**（Jinro Soju）也是全球最暢銷的烈酒之一，每年可以售出6.3億公升。

SLOE GIN 黑刺李琴酒

一種→水果利口酒（fruit liqueur），以浸漬黑刺李（也可能添加黑刺李汁）製程，最低酒精濃度為25％。傳統上，會以琴酒浸漬這些水果；但今日已換成了乙醇酒精。

黑刺李琴酒已默默銷聲匿跡許久（英國上流階級很喜歡以黑刺李琴酒醞釀獵狐的心情），如今，正掀起一股復興風潮。生產黑刺李琴酒的品牌包括高登（Gordon's）、Boudier、Cowen、普利茅斯（Plymouth）與真的苦（The Bitter Truth）。

另一方面，使用另一種李子製作的**大母松李琴酒**（damson gin，英國中產階級會在聖誕佳節開瓶齊飲），出了英國之後便難以覓得。在法國，黑刺李利口酒也被稱為「prunelle」。

SOTOL 索托

一種墨西哥烈酒，僅能在奇瓦瓦州（Chihuahua）、科亞維拉州（Coahuila）與杜蘭戈州（Durango）蒸餾製作。索托酒的基本原料，就是一種叫作索托（Dasylirion wheeleri）的百合科植物，與用來製作梅斯卡爾的龍舌蘭有親屬關係。索托的生產過程幾乎與梅斯卡爾一模一樣，索托甚至也有像是白（blancos）、陳年（reposados）、**特陳**（añejos），以及**純索托**與**調和索托**。優質索托擁有強烈、大地植物的風味，能與最佳山谷（Valley）龍舌蘭比擬。

品牌包括Hacienda de Chihuahua、Puro 291、La Leyenda（酒款皆是100％純索托）與Mesteno（調和）。

SPANISH BRANDY 西班牙白蘭地

這類型的酒款幾乎都來自「Brandy de Jerez」（赫雷斯白蘭地）法定產區（DOC），以及安達盧西亞的赫雷斯夫隆特拉（Jerez de la Frontera）一帶。相較於其他地區的白蘭地，這裡的白蘭地是以索雷拉系統製備，也就是不同年份的蒸餾酒會持續彼此混合（→雪莉〔sherry〕）。此法確保了某種程度一致的風味，就算無法加速熟成過程，對於陳年依舊有正面的影響。「Brandy de Jerez」類型的西班牙白蘭地，只能使用雪莉酒桶陳年。根據陳放時間，可以分為以下三類：「solera」（索雷拉）為桶陳6~12個月的標準酒款；「solera reserva」（特陳索雷拉）要桶陳12~20個月；「solera gran reserva」（特陳珍藏索雷拉），則桶陳至少三年，但平均桶陳約為十年。

特陳珍藏索雷拉通常只能使用以銅質大槽蒸餾、酒精濃度達70%的酒液。其他類型的西班牙白蘭地，則可能包含高酒精濃度的葡式蒸餾酒，因此風味較弱。在裝瓶之前，酒液會以水稀釋至適飲強度（酒精濃度為36~45%）。絕大多數的西班牙白蘭地都生產於雪莉酒廠，例如奧斯朋（Osborne），酒款為Veterano；Gonzáles Byass，酒款為Lepanto；Sanchez Romate，酒款為Cardenal Mendoza、露絲道（Lustau），酒款為Señor Lustau；以及Bodegas Tradición。

許多位於赫雷斯地區之外的小型酒廠，也有生產西班牙白蘭地，例如各產地皆有葡萄園的加泰隆尼亞酒廠，多利士（Torres）。

在安達盧西亞，西班牙白蘭地也是製作「ponche」（→柳橙利口酒〔orange liqueur〕）的基酒。

SPICED LIQUEURS 香料利口酒

→ 草本利口酒（herbal liqueurs）的另一種名稱；各款草本利口酒的風味，就是由單一或多種辛香料決定的。薑汁利口酒的品牌包括Domaine de Canton、Ginger of the Indies與Loft Spicy Ginger。加利亞諾（Galliano）、Navan、Tuaca與Xanath等品牌的主要酒款都是香草利口酒，Lava與Magma兩品牌的主導酒款則是肉桂利口酒。其他香料利口酒還包括→ 法勒南（Falernum）、→ 金水（Goldwasser）、→ 柯米爾（Kümmel）、→ 胡椒薄荷利口酒（peppermint liqueur）、→ 多香果利口酒（Pimento Dram）與→ 瑞士潘趣（Swedish punsch）。料理用的辛香料鮮少用於蒸餾酒。這類酒款通常會是**胡椒烈酒**，例如品牌Metté的酒款Spiritueux de Poivre（意為胡椒烈酒）。

SPIGNEL 繖形花利口酒

繖形花是一種花形為傘狀的植物。傳統上，在巴伐利亞森林中，會用以此類植物的根部製作刺激消化的酒；酒精濃度為40~50％，其風味令人想起獨活草（lovage）。這類酒款很容易被誤認為血根草利口酒（bloodroot），血根草是一種高酒精濃度的利口酒，產區與繖形花一致，此類利口酒採用同名藥用植物的根部製作。兩種利口酒都可以在品牌Penninger中覓得。

STEINHÄGER 施泰因哈根（德式琴酒）

這是一種德國→ 杜松子（juniper）烈酒，僅能在德國威斯特伐利亞（Westphalia）的施泰因哈根（Steinhagen）地區製作。手工採收的杜松子會先經過壓榨，接著發酵與蒸餾。然後，再添加少量新鮮杜松子及高品質穀物酒精，再度蒸

餾，最後以當地水源取得的水稀釋至適飲強度（酒精濃度38％）。原本總共有20間德國蒸餾廠生產此酒，如今僅剩下Schlichte與Fürstenhof屹立不搖。各式品牌酒款包括Fürstenhofer、Original Schlichte、Schinkenhäger、Schlichte Urbrannt與Urkönig。

SUGARCANE 甘蔗

最初源自亞洲，甘蔗在中國用於蒸餾成酒的歷史相當悠遠，也許是最古老也絕對最便宜的烈酒原料。甘蔗汁與糖蜜（製作蔗糖過程的副產品）的處理過程相當單純且快速，而且不像穀物與水果等製酒原料同為人類糧食。

最知名也最廣布世界各地的甘蔗蒸餾酒，就是→蘭姆酒（rum）。→卡夏莎（Cachaça）與瓜羅（guaro）都是較為地區性的甘蔗酒類；瓜羅是一種以甘蔗汁做成的蒸餾酒，主要流行於哥斯大黎加。

SWEDISH PUNSCH 瑞典潘趣

也稱為**亞力潘趣**（arak punch）或**卡路里潘趣**（caloric punch），是一種充滿香氣的瑞典利口酒，以亞力、白酒與甜酒為基底，添加檸檬汁、辛香料、香草、蘭姆酒或葡萄酒蒸餾萃取物等調味。在斯堪地那維亞，瑞典潘趣會添加冰塊或混合熱水享用。另外，這款酒做成蘭姆調酒也很美味。瑞典公司Kronan已將瑞典潘趣推向美國境內。

TEQUILA 龍舌蘭

墨西哥的龍舌蘭烈酒，酒精濃度至少38%，只能在聯邦哈利斯科州（Jalisco），以及瓜納華托（Guanajuato）、米卻肯州（Michoachán）、納亞里特州（Nayarit）與法定產區塔毛利帕斯州（Tamaulipas，DO）生產。

僅有種植在這些地區的藍色龍舌蘭（agave tequilana Weber）才能作為基底原料，來自其他地區的龍舌蘭蒸餾酒則稱為→梅斯卡爾（mezcal）。

每一株龍舌蘭都可以採收一次，接著經過10年的成長後得以再度成熟收成。一株植物約僅有25~90公斤的龍舌蘭心（piña）可以使用。在傳統製程中，龍舌蘭心會經過煮軟、研磨、壓榨與發酵。接著，會以銅質蒸餾器蒸餾兩次達到酒精濃度55%，最後陳放約數週。

完成的酒液鮮活，並帶有植物性的辛辣感。典型的龍舌蘭風味會伴隨著煙燻，有時也會有強烈的辛香料調性。今日，許多蒸餾廠會採用較有效率的蒸餾方式（經過三次蒸餾或使用連續式蒸餾法，以拉高酒精濃度），如此製成的龍舌蘭較純淨也更吸引人。另外，現在的發酵也較常僅使用壓

榨出的果汁，而不是整個龍舌蘭心，這樣的酒款價格較低，風味也較不豐富。龍舌蘭汁與砂糖糖漿（最多可添加49％的糖分）混合製作的龍舌蘭，也較粗糙且廉宜。今日最成功的龍舌蘭類型就是所謂的**調和龍舌蘭**（taquila mixto），品牌包括金快活（José Cuervo）與瀟灑（Sauza），以及在歐洲市場占領先地位的喜澳瑞（Sierra）、墨西哥「第一名」的希瑪寶（El Jimador）與其他無數較不重要的品牌。隨著調和龍舌蘭酒款的現身，龍舌蘭在1970年代漸漸掀起風潮，接著從1990年代開始，開始出現希望喝到品質較高酒款的需求。越來越多龍舌蘭製造商恢復原本的傳統釀製方式，摒棄在果漿中添加糖漿的做法，推出所謂的**100％龍舌蘭**。龍舌蘭漸漸找回本身完整的豐厚風味，而龍舌蘭酒款也因此開始有機會談論其風土。哈利斯科州一帶高地所生產的龍舌蘭，能做成富果香與辛辣特質的酒款；來自龍舌蘭火山（Tequila Volcano）山腳谷地的龍舌蘭，則比較強烈且富大地調性。相較於能以大槽運輸的調和龍舌蘭，100％龍舌蘭只可以在墨西哥境內裝瓶。龍舌蘭以其高品質酒款，躋身於國際酒類大聯盟（不過，純粹主義者依舊會批評某些奢華酒款仍然經過三次蒸餾，因此變得過於精緻與柔和）。目前最為成功的100％龍舌蘭品牌為培恩（Patrón）與馬蹄鐵（Herradura）。正是馬蹄鐵開始在1974年，將龍舌蘭以木桶經過長時間熟成。這類酒款稱為**陳年龍舌蘭**（reposado），

也是墨西哥地區今日最受歡迎的龍舌蘭類型（根據其他資料來源，桶陳龍舌蘭自1950年代開始變得普遍）。如今，熟成時間已有法令規範，分為**白**（blanco），也稱為**銀**（plata/silver）；**陳年**（reposado），桶陳2~12個月；**特陳**（añejo），桶陳1~3年；以及**珍藏特陳**（extra añejo），桶陳超過3年。不過「oro」（金色）、「gold」（黃金）、「joven」（年輕）與「abocado」（柔順）等名詞則是偽造的形容詞，這些都是未經熟成的加味龍舌蘭（調和），會添加焦糖或其他物質調製酒色。

其他100％龍舌蘭品牌包括Arette、Chinaco、Corralejo、唐胡立歐（Don Julio）、El Tesoro、金快活的Reserva de la Familia、Milagro、Ocho、Partida與喜澳瑞的Milenario。另外也有許多調味龍舌蘭，以及眾多龍舌蘭利口酒，例如Agavero、Guaycura Damiana與培恩的XO Café。

龍舌蘭可以純飲或做成調酒。**帕洛瑪**（Paloma）是一款調和龍舌蘭與葡萄柚檸檬水混合的調酒，在墨西哥相當流行，遠遠超過任何一種版本的**瑪格麗特**，還有惡名昭彰的**龍舌蘭日出**（Tuquila Sunrise，首度被提及的時間早在1929年）。

TRIPLE SEC 橙皮利口酒

為→庫拉索（curaçao）的一種，但含糖量較低，而酒精濃度較高（酒精濃度最低為35％）。風味較單純的酒款通常會用於調酒。君度橙酒等頂級酒款，則可以直接純飲品嚐。橙皮利口酒是許多調酒的關鍵原料，例如經典的**側車**與**瑪格麗特**。

UMESHU 梅酒

此為一種日本的→水果利口酒（fruit
liqueur），使用梅子（*Prunus mume*）
製成。這種酸酸的水果常被稱為日本
李，但其實它比較接近杏桃，是歸類於
李屬（*Prunus*）的獨立亞種。梅酒是一
種清雅並帶有水果塔風味的利口酒，不
僅能當作美味的開胃酒，也可以做成**高
球**，稱為梅高球（Ume-Hai）。Choya
是主要梅酒製造公司之一。

VERMOUTH 香艾酒

→香料葡萄酒（aromatized wines）的一
種。除了賦予香艾酒之名的苦艾，其中還包括了高達50種不
同香料香草與辛香料。*不同香艾酒酒款的成分多變，但白酒
始終扮演基酒角色。

紅與**粉紅香艾酒**是以焦糖增添酒色，高品質的酒款則僅使用
天然增色劑。

源自於義大利的紅香艾酒的甜度較高、風味較豐富，酒體
也較輕（酒精濃度14~16.5％，含糖量150公克〔⅔杯〕／公
升）；來自法國的不甜白香艾酒，酒體則較重（酒精濃度
18％，含糖量為40公克／公升）。不過，市面上也有甜型白
香艾酒，例如在全球市場占領先地位的Martini & Rossi白香
艾酒款。

其他像是**琴夏洛**（Cinzano）與**娜利普萊**（Noilly Prat）等酒
廠的白香艾酒，似乎是最不甜的香艾酒酒款，因此是調製**馬
丁尼**的好選擇。**潘托蜜**（Punt e Mes）與**頂級香艾酒**（Antica
Formula）都是**安堤卡**（Carpano）的產品。

法國薩威（Savoy）的香貝里（Chambery）法定產區，生產
的清淡細緻香艾酒則比較不知名，品牌為多林（Dolin）與
Gaudin。伊薩吉列（Yzaguirre）則是來自西班牙的品牌，
Stift Klosterneuburg源自奧地利。

長久以來，香艾酒的草本植物之所以與酒精混合，都是為了
藥用療效。直到18世紀末，當開胃酒成為日常習俗後，我們
今日熟知的香艾酒才開始風行。到了1880年代，第一款酒譜
寫上香艾酒的調酒在美國誕生。自此，在曼哈頓、馬丁尼與
眾香艾酒公司的努力下，它成了酒吧不可或缺的一員。

* 香艾酒的苦艾含量為1公斤／1,000公升，因此遠遠低於1公斤／20公升的→
艾碧斯（absinthe）。

Verveine 馬鞭草酒

這是一種法國的→草本利口酒（herb liqueur），主要風味為馬鞭草（verbena，法文為verveine）。維萊馬鞭草酒（verveine du Velay），來自奧文尼（Auvergne）；另外還有產於聖歐諾拉島（Île Saint Honorat）萊蘭修道院（Lérins Abbey）的馬鞭草酒。

VODKA 伏特加

為一種如水般澄澈的蒸餾酒,酒精濃度至少37.5%。最初源
自波蘭與俄羅斯,如今已是暢銷全球的烈酒。伏特加可以採
用穀物、馬鈴薯、甜菜等植物製作。今日關於製作伏特加原
料的選擇,比較傾向成本考量,而非風味呈現,因為其蒸餾
方式產生的酒液近乎中性酒精的酒精濃度96%。在伏特加以
去礦物質的水分稀釋至適飲強度之前,酒液經常會先經過活
性炭或其他物質的澄清,然後添加糖分。這種方式會讓酒液
變得柔和與圓潤,但以感官風味而言,如此並非優勢。每1公
升的伏特加大約含有30毫克的風味物質,反觀威士忌與干邑
白蘭地,則是2,600毫克。

唯有經過鍛煉的味蕾才喝得出來,不同伏特加風格之間那
平緩的漸變——而且也必須純飲這些伏特加:經典波蘭裸麥
伏特加(Wyborowa、波特世紀伯爵〔Potocki〕),柔順、
細緻且帶有甜感香氣;俄羅斯小麥伏特加(俄羅斯斯丹達
〔Russian Standard〕、Green Mark),微微的茴香風味與些

許油滑質地；馬鈴薯伏特加（Karlsson's Gold、Luksusowa）則是帶有幽微的草本調性。

伏特加是一種很容易搭配也相當受歡迎的酒飲，很難真的用伏特加調壞一杯酒（幾個冰塊、攪拌，一杯「伏特加馬丁尼」就完成了），而且隔天一早起來幾乎不會有什麼惱人的不適。

因此，「純粹」就是伏特加行銷的關鍵用語，外加提到經過n次的蒸餾與某些精巧的過濾處理，成功地打響與製造成本完全無關的高價。*沒有什麼烈酒的生產成本會比伏特加更低廉。瑞典品牌絕對（Absolut）在1980年代從低端品牌，一路

---

* 幾乎所有今日的伏特加酒款，都是以連續式蒸餾器經過單次蒸餾製成；這些連續式蒸餾器包含無數用以強化蒸餾作用的隔板。說這種蒸餾方式為單次蒸餾，並非全然錯誤，但事實上，這依舊是一次循環蒸餾。這種方式與以傳統蒸餾器進行勞力密集且耗時的多次蒸餾完全不同，如今還有用這類罕見方式蒸餾的品牌包括Cape North、坎特一號（Ketel One）與Vertical。另外，雪樹（Belvedere）與思美洛（Smirnoff）的Black，這些酒款雖然也以這類蒸餾器完成蒸餾，但蒸餾後的酒液會經過不同的處理，這也讓它們的伏特加有了點不同特質。

攀升至高端市場，就歸功於聰明的行銷手法。

接著，繼1997年頂級尖端品牌灰雁（Grey Goose）的伏特加上市，瓶身設計就比「其中究竟包含什麼液體」更引人注意，買一瓶伏特加也成為一種時尚宣言。時髦的酒標一個接著一個地推出；像是年份伏特加、生態伏特加、葡萄伏特加、碳化伏特加等，還有裝了金箔或可食用蠍子等酒款。目前最知名的國際伏特加品牌，包括美國的思美洛（Smirnoff）、瑞典的絕對與烏克蘭的Nemiroff；同樣銷售成績不錯的還有德國的戈巴喬（Gorbatschow）、俄羅斯的蘇托力（Stolichnaya）與Green Mark，以及波蘭的索比斯基（Sobieski）。規模小但聲譽有加的品牌，則有哈薩克的冰雪女王（Snow Queen）與波蘭的歐帝邁（Ultimat）。

20世紀中期，伏特加在調酒領域首度開始流行。**血腥瑪麗、莫斯科騾子**與**伏特加馬丁尼**，都是今日的經典調酒。在美國，以調味伏特加調酒很流行。以各種辛香料、蜂蜜、柑橘皮或甜酒增添伏特加風味的老派做法，如今已發展成許多酒廠會使用的潮流。不過，並非市面上所有伏特加酒款都適合用來調酒，例如傳統的野牛草伏特加葛拉索（Grasovka，也稱為滋布洛卡〔Zubrówka〕）。當芒果、檸檬與香草等眾多風味幾乎都有真正的水果蒸餾酒可買，或是可以自己調製成更美味的調酒時，到底誰還會需要這些口味的伏特加？

WHISK(E)Y 威士忌

這是一種穀物蒸餾酒，在許多國家以不同的方式製作。唯有→蘇格蘭威士忌（Scotch whiskies）、→加拿大威士忌（Canadian whiskies）、→愛爾蘭威士忌（Irish whiskeys）與→美國威士忌（American whiskeys），才有相關法規；直到禁酒令頒布之前，愛爾蘭威士忌是美國境內最受歡迎的威士忌，因此美國威士忌的拼法才會普遍以「ey」結尾。日本也產有數量可觀的→日本威士忌（Japanese whisky），印度在近幾年也躋身全球大型威士忌產國之列。除了像是雅沐（Amrut）等標準威士忌酒款，印度當地還有許多以麥芽萃取物調味的烈酒。

蘇格蘭威士忌橫掃全球的成就，連帶帶起德國、奧地利與瑞士的水果蒸餾廠，推出了也算獲得成功的威士忌酒款，例如史蘭利（Slyrs）、Reisetbauer、Swissky等品牌。其他威士忌產國還包括西班牙（DYC）、瑞典（麥克麥瑞〔Mackmyra〕）、法國（艾摩利克〔Armorik〕）與澳洲（拉克〔Lark〕）。

WHISK(E)Y LIQUEURS 威士忌利口酒

可以製作成→草本利口酒（herb liqueurs），例如蘇格蘭威士忌吉寶（Scottish Drambuie）；也可以做成→鮮奶油利口酒（cream liqueur），例如來自冰島的貝禮詩（Baileys）與Triibe；以及→水果利口酒（fruit liqueur），如野火雞（Wild Turkey）與美國的→冰糖威士忌（rock and rye）。

暢銷全世界的金馥（Southern Comfort）其實並非威士忌（雖然與傳言不同），它是以甘蔗蒸餾酒液添加柑橘與桃子調味而成。

Aalborg→阿夸維特（Aquavit）

Aamen Gold→柑橘類水果酒

Absolut（絕對）→ 伏特加（Vodka）

Advocaat→蛋酒（Eggnog）

A. E. Dor→干邑白蘭地（Cognac）

Agavero→龍舌蘭（Tequila）

Alipús→梅斯卡爾（Mezcal）

Alisier→花楸果酒（fr. Elsbeere）
  Elsbeere

Alizé→ 水果利口酒（Fruit liqueurs）

Allasch→柯米爾（Kümmel）

Almendrado→堅果利口酒（Nut
  liqueurs）

Alpestre→草本利口酒（Herbal
  liqueurs）

Altinbas→拉克（Raki）

Alto del Carmen→皮斯可（Pisco）

Amargo Chuncho→調酒苦精（Cocktail
  bitters）

Amarula→鮮奶油利口酒（Cream
  liqueurs）

Ambassadeur→香料葡萄酒
  （Aromatized wine）→奎寧開胃酒
  （Quinquina）

wine →Quinquina

Amrut（雅沐）→威士忌（Whiskey）

Anesone→茴香酒（Anise）

Angel d'Or→柳橙利口酒（Orange
  liqueurs）

Angostura（安格仕）→ 苦精
  （Bitters）→ 蘭姆酒（Rum）

Anis del Mono→茴香酒（Anise）

Antica Formula（安堤卡頂級）→香
  艾酒（Vermouth）

Aperitif wine（開胃葡萄酒）→香料
  葡萄酒（Aromatized wine）

Aperol（艾普羅）→苦精開胃酒
  （Bitter aperitif）

Appenzeller→草本苦精（Herbal
  bitters）

Appleton Estate（普爾頓莊園）→ 蘭
　姆酒（Rum）

Archer's→桃子酒（Peaches）

Ardbeg（雅柏）→蘇格蘭威士忌
　（Scotch whisky）

Arette→龍舌蘭（Tequila）

Armazém Vieira→卡夏莎（Cachaça）

Aromatique→草本苦精（Herbal
　bitters）

Arquebuse de l'Hermitage→草本苦精
　（Herbal bitters）

Artesanal de Minas→卡夏莎
　（Cachaça）

Arzente→白蘭地（Brandy）

Asbach→白蘭地（Brandy）

Asmussen→蘭姆酒（Rum）

Aurum→柳橙利口酒（Orange
　liqueurs）→葡萄酒蒸餾酒（Wine
　distillation）

Averna（亞維納）→苦精利口酒
　（Bitter liqueurs）

Avèze→苦精開胃酒（Bitter aperitif）
龍膽酒→（Gentian）

Awamori（泡盛）→燒酎（Shochu）

Bacardi（百加得）→蘭姆酒
　（Rum）

Bagaceira→果渣白蘭地（Pomace
　brandy）

Baijiu（白酒）→穀物烈酒（Grain

spirits）

Baileys（貝禮詩）→鮮奶油利口酒
　（Cream liqueurs）→威士忌利口酒
　（Whiskey liqueurs）

Ballantines（百齡罈）→蘇格蘭威士
　忌（Scotch whisky）

Balsam（香脂利口酒）→苦精利口酒
　（Bitter liqueurs）

Barack Pálinka→杏桃酒（Apricots）

Barbancourt→蘭姆酒（Rum）

Barbayannis→烏佐（Ouzo）

Bärenfang→蜂蜜酒（Honey）

Bärenjäger→蜂蜜酒（Honey）

Batida de Côco→卡夏莎（Cachaça）
　→椰子利口酒（Coconut liqueurs）

Becherovka（貝赫洛夫卡）→草本利
　口酒（Herbal liqueurs）

Beefeater（英人牌）→琴酒（Gin）

Belvedere（雪樹）→伏特加
　（Vodka）

Bénédictine（廊酒）→草本利口酒
　（Herbal liqueurs）

Benoit Serrers→紫羅蘭香甜酒（Crème
　de violette）

Berentzen→苦精利口酒（Bitter
　liqueurs）→水果利口酒（Fruit
　liqueurs）→柯恩（Korn）→利口酒
　（Liqueurs）

Berger→法國茴香酒（Pastis）

Berro→卡夏莎（Cachaça）

Berta→渣釀白蘭地（Grappa）

The Bitter Truth（真的苦）→杏桃白蘭地（Apricot brandy）→苦精利口酒（Bitter liqueurs）→調酒苦精（Cocktail bitters）→黑刺李琴酒（Sloe gin）→紫羅蘭香甜酒（Crème de violette）

Black Bush（黑色布希）→愛爾蘭威士忌（Irish whiskey）

Blanton's（巴頓）→美國威士忌（American whiskey）

Bloodroot（血根草利口酒）→繖形花利口酒（Spignel）

Blue Gin（藍色琴酒）→琴酒（Gin）

Boazinha→卡夏莎（Cachaça）

Bocchino→渣釀白蘭地（Grappa）

Bodegas Tradición→雪莉（Sherry）→西班牙白蘭地（Spanish brandy）

Bokma（波克馬）→杜松子酒（Genever）

Bols（波士）→櫻桃白蘭地（Cherry brandy）→庫拉索（Curaçao）→蛋酒（Eggnog）→水果利口酒（Fruit liqueurs）→杜松子酒（Genever）→金水利口酒（Goldwasser）→柯米爾（Kümmel）→利口酒（Liqueurs）→核果利口酒（Noyau）→紫羅蘭利口酒（Parfait amour）

Bombay Sapphire（龐貝藍鑽）→琴酒（Gin）

Bommerlunder→阿夸維特（Aquavit）

Bonal→龍膽酒（Gentian）

Boomsma→貝倫堡（Beerenburg）→蜂蜜酒（Honey）

Booth's（布思）→琴酒（Gin）

Borghetti（寶格蒂）→咖啡利口酒（Coffee liqueur）

Borgmann→苦精利口酒（Bitter liqueurs）

Borovicka→杜松酒（Juniper）

Bossa→卡夏莎（Cachaça）

Botran→蘭姆酒（Rum）

Boudier→黑醋栗（Cassis）→庫拉索（Curaçao）→櫻桃利口酒（Guignolet）→利口酒（Liqueurs）→黑刺李琴酒（Sloe gin）

Boulard（布拉德）→蘋果白蘭地（Calvados）

Brennivín→柯米爾（Kümmel）

Bruichladdich（布萊迪）→蘇格蘭威士忌（Scotch whisky）

Bruno Pilzer（布魯諾皮爾澤）→渣釀白蘭地（Grappa）

Buffalo Trace（水牛足跡）→美國威士忌（American whiskey）

Bundaberg（賓德寶）→蘭姆酒（Rum）

Bushmills（布希米爾）→愛爾蘭威士忌（Irish whiskey）

Busnel→蘋果白蘭地（Calvados）

Byrrh→奎寧開胃酒（Quinquina）

Caballero→柳橙利口酒（Orange liqueurs）

Cadenhead's Old Raj（卡德漢）→琴酒（Gin）

Calisay→草本利口酒（Herbal liqueurs）→奎寧開胃酒（Quinquina）

Calvador→蘋果白蘭地（Calvados）

Campari（金巴利）→苦精開胃酒（Bitter aperitif）→龍膽酒（Gentian）→草本利口酒（Herbal liqueurs）

Camut→蘋果白蘭地（Calvados）

Canadian Club（加拿大會所）→加拿大威士忌（Canadian whisky）

Canadian Mist（加拿大之霧）→加拿大威士忌（Canadian whisky）

Canton→香料利口酒（Spiced liqueurs）

Cap Corse→奎寧開胃酒（Quinquina）

Cape North→伏特加（Vodka）

Capel（凱柏）→皮斯可（Pisco）

Captain Morgan（摩根船長）→蘭姆酒（Rum）

Capucine→鮮奶油利口酒（Cream liqueurs）

Cardenal Mendoza→西班牙白蘭地（Spanish brandy）

Carlshamns Flaggpunsch→瑞典潘趣（Swedish punsch）

Carpano（安堤卡）→香艾酒（Vermouth）

Cartron（卡騰）→水果利口酒（Fruit liqueurs）

Casanis→法國茴香酒（Pastis）

Castarède（加絲達賀）→雅瑪邑白蘭地（Armagnac）

Castries（卡斯翠）→堅果利口酒（Nut liqueurs）

Cederlunds Caloric→瑞典潘趣（Swedish punsch）

Cedratine→柑橘類水果酒（Citrus fruits）

Centerbe→胡椒薄荷利口酒（Peppermint liqueurs）

Chambord（華冠）→莓果酒（Berries）→干邑白蘭地（Cognac）

Chantré→鮮奶油利口酒（Cream liqueurs）→葡萄酒蒸餾酒（Wine distillation）

Chartreuse（蕁麻利口酒）→艾碧斯苦艾酒（Absinthe）→草本利口酒（Herbal liqueurs）

Château du Breuil（布勒伊堡）→蘋果白蘭地（Calvados）

吉那馬丁尼（China Martini）→ 苦精
利口酒（Bitter liqueurs）→ 奎寧開
胃酒（Quinquina）

Chinaco→ 龍舌蘭（Tequila）

Chinato→ 奎寧開胃酒（Quinquina）

Chivas Regal（起瓦士）→ 蘇格蘭威
士忌（Scotch whisky）

Choya→ 梅酒（Umeshu）Christian
Bro.→ 白蘭地（Brandy）

Bros. → Brandy

Christian Drouin→ 蘋果白蘭地
（Calvados）

Cinzano（琴夏洛）→ 香艾酒
（Vermouth）

Ciomod→ 可可與巧克力利口酒
（Cocoa and chocolate liqueurs）

Citadelle（絲塔朵）→ 琴酒（Gin）

Clacquesin→ 苦精開胃酒（Bitter
aperitif）

Claeyssens→ 杜松子酒（Genever）

Clément（克萊蒙）→ 蘭姆酒
（Rum）

Clés des Ducs→ 雅瑪邑白蘭地
（Armagnac）

Clynelish（克里尼利基）→ 蘇格蘭威
士忌（Scotch whisky）

Cocchi（公雞）→ 美國佬
（Americano）→ 奎寧開胃酒
（Quinquina）

Cockburn→ 波特（Port）

Cocoribe→ 椰子利口酒（Coconut
liqueurs）

Cointreau（君度橙酒）→ 橙皮利口
酒（Triple sec）→ 柑橘類水果酒
（Citrus fruits）

Combier→ 柳橙利口酒（Orange
liqueurs）

Connemara（康尼馬拉）→ 愛爾蘭威
士忌（Irish whiskey）

Control→ 皮斯可（Pisco）

Cooley（庫利）→ 愛爾蘭威士忌
（Irish whiskey）

Corralejo→ 龍舌蘭（Tequila）

Courvoisier（拿破崙）→ 干邑白蘭地
（Cognac）

Cowen→ 黑刺李琴酒（Sloe gin）

Crema de Alba→ 鮮奶油利口酒
（Cream liqueurs）

Crème de Pêche de Vigne→ 桃子酒
（Peaches）

Crème Yvette→ 紫羅蘭香甜酒（Crème
de violette）

Crown Royal（皇冠）→ 加拿大威士忌
（Canadian whisky）

Cruzan Estates→ 蘭姆酒（Rum）

Cusenier→ 水果利口酒（Fruit
liqueurs）

吉拿（Cynar）→ 苦精開胃酒（Bitter
aperitif）

Daigoro→燒酎（Shochu）

Damson（大母松李）→琴酒（Gin）

Daniel Bouju→干邑白蘭地（Cognac）

Darroze（達豪思）→雅瑪邑白蘭地
（Armagnac）

Das Korn→柯恩（Korn）

De Kuyper（迪凱堡）→櫻桃白蘭
地（Cherry brandy）→庫拉索
（Curaçao）→水果利口酒（Fruit
liqueurs）→椰子利口酒（Coconut
liqueurs）→利口酒（Liqueurs）

Dei Cesari→杉布哈（Sambuca）

Del Maguey（迪爾瑪蓋）→梅斯卡爾
（Mezcal）

Delamain（德拉曼）→干邑白蘭地
（Cognac）

Demerara（德梅拉拉）→蘭姆酒
（Rum）

Depaz→蘭姆酒（Rum）

Der Lachs→金水利口酒
（Goldwasser）

Dettling→水果白蘭地（Fruit
brandies）

Diageo（帝亞吉歐）→利口酒
（Liqueurs）

Dirker→水果白蘭地（Fruit
brandies）→白蘭地（Brandy）

Disaronno（迪莎羅娜）→扁桃仁利口
酒（Amaretto）

Dolin（多林）→龍膽酒（Gentian）

→香艾酒（Vermouth）

Don Amado→梅斯卡爾（Mezcal）

Don Luis→梅斯卡爾（Mezcal）

Don Julio（唐胡立歐）→龍舌蘭
（Tequila）

Dooley's→鮮奶油利口酒（Cream
liqueurs）

Doornkaat→柯恩（Korn）

Drambuie（吉寶）→威士忌利口酒
（Whiskey liqueurs）

Dreiling→阿夸維特（Aquavit）

Dreher→白蘭地（Brandy）

Dubonnet（多寶力）→奎寧開胃酒
（Quinquina）

Duplais→艾碧斯苦艾酒（Absinthe）

E. & J.→白蘭地（Brandy）

Echt Stonsdorfer→苦精利口酒（Bitter
liqueurs）

Echter Nordhäuser→柯恩（Korn）

El Dorado（杜蘭朵）→蘭姆酒
（Rum）

El Jimador（希瑪寶）→龍舌蘭
（Tequila）

El Tesoro→龍舌蘭（Tequila）

Ettaler→草本苦精（Herbal bitters）

Etter→水果利口酒（Fruit liqueurs）
→水果白蘭地（Fruit brandies）

Eversbusch→杜松酒（Juniper）

Fassbind→水果白蘭地（Fruit brandies）

Fee Brothers（費氏兄弟）→調酒苦精（Cocktail bitters）

Felsina（費希娜）→渣釀白蘭地（Grappa）

Fernet Branca（芙內布蘭卡）→芙內（Fernet）

Filliers（菲利斯）→杜松子酒（Genever）

Floc de Gascogne（加斯貢福勒克）→雅瑪邑白蘭地（Armagnac）

Fonseca→波特（Port）

Forgotten Flavours→法勒南（Falernum）→瑞典潘趣（Swedish punsch）

Fougerolles→艾碧斯苦艾酒（Absinthe）

Fraise＝草莓（法文）Strawberries

Framboise＝覆盆子（法文）Raspberries

Franciacorta→香檳（Champagne）

Frangelico（富蘭葛利）→堅果利口酒（Nut liqueurs）

Frapin→干邑白蘭地（Cognac）

Fruit Lab→水果利口酒（Fruit liqueurs）

Fürst Bismarck（俾斯麥公爵）→柯恩（Korn）

Fürstenhöfer→施泰因哈根（Steinhäger）

G.A. Jourde→利口酒（Cordial）

Galliano（加利亞諾）→香料利口酒（Spiced liqueurs）→草本利口酒（Herbal liqueurs）

Gammel Dansk→草本苦精（Herbal bitters）

Gancia（崗夏）→美國佬（Americano Gaudin）→香艾酒（Vermouth）

Génépy→草本利口酒（Herbal liqueurs）

Gentiane de Lure→龍膽酒（Gentian）

Georgia Moon（喬治亞月亮）→美國威士忌（American whiskey）

Germana→卡夏莎（Cachaça）

Get 27→胡椒薄荷利口酒（Peppermint liqueurs）

Giffard（吉法）→庫拉索（Curaçao）→水果利口酒（Fruit liqueurs）→草本利口酒（Herbal liqueurs）→櫻桃利口酒（Guignolet）→利口酒（Liqueurs）→堅果利口酒（Nut liqueurs）→紫羅蘭利口酒（Violet liqueur）→香甜酒（Crème de）

Gilbert（吉爾伯特）→蘋果白蘭地（Calvados）

Gilka→柯米爾（Kümmel）

Ginger→香料利口酒（Spiced liqueurs）

Ginger of the Indies→草本利口酒（Herbal liqueurs）

Ginipero→杜松酒（Juniper）

Giovi→渣釀白蘭地（Grappa）

Glenfiddich（格蘭菲迪）→蘇格蘭威士忌（Scotch whisky）

Glenlivet（格蘭利威）→蘇格蘭威士忌（Scotch whisky）

Glenmorangie（格蘭傑）→蘇格蘭威士忌（Scotch whisky）

Godiva→可可與巧克力利口酒（Cocoa and chocolate liqueurs）

Goldschläger→金水利口酒（Goldwasser）

Goldstrike→金水利口酒（Goldwasser）

Gonzáles Byass→雪莉（Sherry）→西班牙白蘭地（Spanish brandy）

Gorbatschow（戈巴喬）→伏特加（Vodka）

Gordon's（高登）→琴酒（Gin）→黑刺李琴酒（Sloe gin）

Gosling's（高斯林）→蘭姆酒（Rum）

Graham→波特（Port）

Grand Marnier（柑曼怡）→干邑白蘭地（Cognac）→利口酒（Liqueurs）→柳橙利口酒（Orange liqueurs）→葡萄酒蒸餾酒（Wine distillation）

Gran Gala→柳橙利口酒（Orange liqueurs）

Grasovka（葛拉索）→伏特加（Vodka）　Grassl（格拉索）→龍膽酒（Gentian）

Green Mark→伏特加（Vodka）

Green Spot（綠點）→愛爾蘭威士忌（Irish whiskey）

Grey Goose（灰雁）→伏特加（Vodka）

Griotte＝酸櫻桃（法文）Sour cherries

Groseille＝紅醋栗（法文）Red currants

Guaro（瓜羅）→甘蔗酒（Sugarcane）

Guaycura→龍舌蘭（Tequila）

Guglhof→水果白蘭地（Fruit brandies）

Gusano Rojo→梅斯卡爾（Mezcal）

Gutzler→白蘭地（Brandy）

G'Vine（紀凡）→琴酒（Gin）

Haas→水果白蘭地（Fruit brandies）

Hacienda de Chihuahua→索托（Sotol）

Hakkaisan（玉乃光）→清酒（Sake）

Hakushu（白州）→日本威士忌（Japanese whisky）

Halb und Halb→苦精利口酒（Bitter

liqueurs）

Hans Lang→白蘭地（Brandy）

Hansen→蘭姆酒（Rum）

Harvey's Bristol Cream→雪莉
（Sherry）

Havana Club（哈瓦那俱樂部）→蘭姆
酒（Rum）

Hayman's（海曼）→琴酒（Gin）

Helbing（赫冰）→柯米爾
（Kümmel）

Helferich→白蘭地（Brandy）

Hendrick's（亨利爵士）→琴酒
（Gin）

Henkes（漢克斯）→杜松子酒
（Genever）

Hennessy（軒尼詩）→干邑白蘭地
（Cognac）

Henri Bardouin→美國佬
（Americano）→龍膽酒
（Gentian）→法國茴香酒
（Pastis）

Hermes→調酒苦精（Cocktail bitters）

Herradura（馬蹄鐵）→龍舌蘭
（Tequila）

Hesperidina（橙皮利口酒）→苦精開
胃酒（Bitter aperitif）

Hibiki（響）→日本威士忌（Japanese
whisky）

Hidalgo→雪莉（Sherry）

Hill→艾碧斯苦艾酒（Absinthe）

Hine（御鹿）→干邑白蘭地
（Cognac）

Hiram Walker→核果利口酒（Noyau）

Hochmair→水果白蘭地（Fruit
brandies）

Hpnotiq→水果利口酒（Fruit
liqueurs）

Ichiko（玉極閣）→燒酎（Shochu）

Idonikó→烏佐（Ouzo）

Illva Saronno（莎蘿娜）→杉布哈
（Sambuca）

Illyquore（意利酒）→咖啡利口酒
（Coffee liqueurs）

Izarra→草本利口酒（Herbal
liqueurs）

J＆B→蘇格蘭威士忌（Scotch
whisky）

Jack Daniel's（傑克丹尼）→美國威
士忌（American whiskey）

Jacopo Poli→白蘭地（Brandy）→渣
釀白蘭地（Grappa）

Jacquin's→冰糖威士忌（Rock and
rye）

Jägermeister（野格）→苦精利口酒
（Bitter liqueurs）→草本利口酒
（Herbal liqueurs）

Jameson（尊美淳）→愛爾蘭威士忌
（Irish whiskey）

Janneau（俠農）→ 雅瑪邑白蘭地（Armagnac）

Janot→ 法國茴香酒（Pastis）

Jensen（傑森）→ 琴酒（Gin）

Jim Beam（金賓）→ 美國威士忌（American whiskey）

Jinro（真露）→ 燒酎（Shochu）

Johannsen→ 蘭姆酒（Rum）

Johnnie Walker（約翰走路）→ 蘇格蘭威士忌（Scotch whisky）

José Cuervo（金快活）→ 龍舌蘭（Tequila）

Joseph Cartron（卡騰）→ 黑醋栗（Cassis）

Kahlúa（卡魯哇咖啡酒）→ 咖啡利口酒（Coffee liqueur）

Karlsson's Gold→ 伏特加（Vodka）

Kenbishi（劍菱）→ 清酒（Sake）

Ketel One（坎特一號）→ 杜松子酒（Genever）→ 伏特加（Vodka）

Kilbeggan（奇爾貝肯）→ 愛爾蘭威士忌（Irish whiskey）

Killepitsch→ 苦精利口酒（Bitter liqueurs）

Kitró→ 柑橘類水果酒（Citrus fruits）

Klekovac→ 杜松酒（Juniper）

Koem→ 柯米爾（Kümmel）

Koko Kanu→ 椰子利口酒（Coconut liqueurs）

Korbel（科貝爾）→ 白蘭地（Brandy）

Korenwijn（穀類杜松子酒）→ 杜松子酒（Genever）

Kranawitter→ 杜松酒（Juniper）

Kreuzritter→ 草本苦精（Herbal bitters）

Kriecherl→ 李子酒（Plums）

Kroatzbeere→ 莓果酒（Berries）

Kübler→ 艾碧斯苦艾酒（Absinthe）

Kuemmerling→ 苦精利口酒（Bitter liqueurs）

Kulüp Rakisi→ 拉克（Raki）

La Favorite→ 蘭姆酒（Rum）

La Fée→ 艾碧斯苦艾酒（Absinthe）

La Navarra→ 帕恰蘭（Pacharán）

Lagavulin（拉加維林）→ 蘇格蘭威士忌（Scotch whisky）

Laird's（萊爾德）→ 蘋果傑克（Applejack）

Lamb's→ 蘭姆酒（Rum）

Lantenhammer→ 龍膽酒（Gentian）→ 水果利口酒（Fruit liqueurs）

Lava→ 草本利口酒（Herbal liqueurs）

Laubade（朗巴德）→ 雅瑪邑白蘭地（Armagnac）

Leblon→ 卡夏莎（Cachaça）

Léopold Gourmel→ 干邑白蘭地（Cognac）

Lepanto→西班牙白蘭地（Spanish brandy）

Lejay-Lagoute→黑醋栗（Cassis）

Leroux→冰糖威士忌（Rock and rye）

Leyenda→索托（Sotol）

Licor de Avellana（榛果利口酒）→堅果利口酒（Nut liqueurs）

Lillet（麗葉）→香料葡萄酒（Aromatized wine）→奎寧開胃酒（Quinquina）

Limoncé→檸檬酒（Limoncello）

Locke's（洛克）→愛爾蘭威士忌（Irish whiskey）

Loft→香料利口酒（Spiced liqueurs）→檸檬酒（Limoncello）

Los Danzantes→梅斯卡爾（Mezcal）

Luksusowa→伏特加（Vodka）

Lustau（露絲道）→雪莉（Sherry）→西班牙白蘭地（Spanish brandy）

Luxardo（勒薩多）→扁桃仁利口酒（Amaretto）→芙內（Fernet）→利口酒（Liqueurs）→檸檬酒（Limoncello）→瑪拉斯奇諾櫻桃利口酒（Maraschino）

Macallan（麥卡倫）→蘇格蘭威士忌（Scotch whisky）

Machandel→杜松酒（Juniper）

Magma→草本利口酒（Herbal liqueurs）

Maker's Mark（美格）→美國威士忌（American whiskey）

Malecon→蘭姆酒（Rum）

Malibu（馬里布）→椰子利口酒（Coconut liqueurs）→蘭姆酒（Rum）

Malteserkreuz→阿夸維特（Aquavit）

Mampe→苦精利口酒（Bitter liqueurs）

Mandarine Napoléon→柑橘類水果酒（Citrus fruits）

Mangaroca→卡夏莎（Cachaça）→椰子利口酒（Coconut liqueurs）

Maotai（茅台）→穀物烈酒（Grain spirits）

Marc→果渣白蘭地（Pomace brandy）

Marder→果渣白蘭地（Pomace brandy）

Mariacron→白蘭地（Brandy）

Marí Mayans→藥草酒（Hierbas）

Marie Brizard（瑪莉白莎）→茴香酒（Anise）→庫拉索（Curaçao）→水果利口酒（Fruit liqueurs）→櫻桃利口酒（Guignolet）→椰子利口酒（Coconut liqueurs）→利口酒（Liqueurs）→紫羅蘭利口酒（Parfait Amour）

Marolo（瑪勒洛）→奎寧開胃酒（Quinquina）→渣釀白蘭地（Grappa）

Martell（馬爹利）→干邑白蘭地
（Cognac）

Martin Miller's（馬丁米勒）→琴酒
（Gin）

Martini & Rosso→香艾酒
（Vermouth）

Massenez（瑪瑟妮）→水果白蘭地
（Fruit brandies）

Mastika（乳香酒）→烏佐（Ouzo）

Mattei→奎寧開胃酒（Quinquina）→
柑橘類水果酒（Citrus fruits）

McCarthy's（麥卡錫）→美國威士忌
（American whiskey）

Menthe Pastille→胡椒薄荷利口酒
（Peppermint liqueurs）

Mentzendorff→柯米爾（Kümmel）

Mesteno→索托（Sotol） Metaxa→白
蘭地（Brandy）

Meyer's→草本苦精（Herbal bitters）

Midleton（米爾頓）→愛爾蘭威士忌
（Irish whiskey）

Midori（蜜多麗）→水果利口酒
（Fruit liqueurs）

Milagro→龍舌蘭（Tequila）

Mirabelle（黃香李）→李子酒
（Plums）

Molinari→杉布哈（Sambuca）

Monin→庫拉索（Curaçao）→柑橘類
水果酒（Citrus fruits）

Monte Alban（蒙地亞蘭）→梅斯卡爾

（Mezcal）

Montenegro（蒙特內哥羅）→苦精利
口酒（Bitter liqueurs）

Mount Gay（奇峰）→蘭姆酒
（Rum）

Mozart→Godiva→可可與巧克力利口
酒（Cocoa and chocolate liqueurs）

Mr. Boston（波士頓先生）→冰糖威
士忌（Rock and rye）

Mûre＝黑莓（法文）Blackberry

Myers's（麥斯）→蘭姆酒（Rum）

Myrtille＝藍莓（法文）Blueberry

Nalewka→櫻桃利口酒（Cherries）

Nardini→Felsina（費希娜）→渣釀
白蘭地（Grappa）

Nassau Royale→蘭姆酒（Rum）

Navan→草本利口酒（Herbal
liqueurs）

Nêga Fulô→卡夏莎（Cachaça）

Neisson→蘭姆酒（Rum）

Nemiroff→伏特加（Vodka）

Nieport→波特（Port）

Nocello→堅果利口酒（Nut liqueurs）

Nocino→堅果利口酒（Nut liqueurs）

Noilly Prat（娜利普萊）→ 香艾酒
（Vermouth）

Noisette（榛果）→ 堅果利口酒（Nut
liqueurs）

Nonino→ 義式蒸餾酒（Acquavite）
→ 苦精利口酒（Bitter liqueurs）→
渣釀白蘭地（Grappa）→ 蜂蜜酒
（Honey）

Noval→ 波特（Port）

Nusseler→ 堅果利口酒（Nut
liqueurs）

Ocho→ 龍舌蘭（Tequila）

Ocucaje→ 皮斯可（Pisco）

Ojén（奧亨）→ 茴香酒（Anis）
Okelehao→ 亞力酒（Arak）Old
Monk→ 蘭姆酒（Rum）

Old Overholt（老歐弗霍特）→ 美國威
士忌（American whiskey）

Old Potrero（老波特）→ 美國威士忌
（American whiskey）

Oro de Oaxaca→ 梅斯卡爾（Mezcal）

Orujo→ 果渣白蘭地（Pomace
brandy）

Osborne（奧斯朋）→ 西班牙白蘭地
（Spanish brandy）

Pálinka（帕林卡）→ 杏桃酒
（Apricots）

Pallini（帕里尼）→ 檸檬酒

（Limoncello）

Pama（帕瑪）→ 水果利口酒（Fruit
liqueurs）

Pampero→ 蘭姆酒（Rum）

Partida→ 龍舌蘭（Tequila）

Parzmair→ 水果白蘭地（Fruit
brandies）

Passoã→ 水果利口酒（Fruit liqueurs）

Patrón（培恩）→ 龍舌蘭（Tequila）

Peach brandy（桃子白蘭地）→ 桃子
酒（Peaches）

Peachtree→ 桃子酒（Peaches）

Pêcher Mignon→ 桃子酒（Peaches）

Peket→ 杜松子酒（Genever）

Penninger→ 繖形花利口酒（Spignel）

Pepino→ 水果利口酒（Fruit
liqueurs）→ 桃子酒（Peaches）

Père Magloire→ 蘋果白蘭地
（Calvados）

Peter Heering→ 櫻桃白蘭地（Cherry
brandy）

Pernod（保樂）→ 法國茴香酒
（Pastis）

Pernod Ricard（保樂力加）→ 利口酒
（Liqueurs）

Persico→ 桃子酒（Peaches）

Peychaud's Bitters（貝橋苦精）→ 調
酒苦精（Cocktail bitters）

Picon（皮康）→ 苦精開胃酒
（Bitter aperitif）→ 奎寧開胃酒

（Quinquina）

Pierre Ferrand（皮耶費朗）→ 干邑白蘭地（Cognac）

Pineau de Charente → 干邑白蘭地（Cognac）

Pirassununga 51 → 卡夏莎（Cachaça）

Pisa（比薩）→ 堅果利口酒（Nut liqueurs）

Pitú（畢杜）→ 卡夏莎（Cachaça）

Plomari（普洛馬里）→ 烏佐（Ouzo）

Plymouth（普利茅斯）→ 琴酒（Gin）→ 皮姆一號（Pimm's）→ 黑刺李琴酒（Sloe gin）

Pojer & Sandri → 義式蒸餾酒（Acquavite）→ 渣釀白蘭地（Grappa）

Pommeau → 蘋果白蘭地（Calvados）

Ponche → 柳橙利口酒（Orange liqueurs）

Potocki（波特世紀伯爵）→ 伏特加（Vodka）

Pott → 蘭姆酒（Rum）

Powers（權力）→ 愛爾蘭威士忌（Irish whiskey）

Prune（黑棗）→ 李子酒（Plums）

Prunelle → 李子酒（Plums）

Punt è Mes（潘托蜜）→ 香艾酒（Vermouth）

Puro 219 → 索托（Sotol）

Pusser's → 蘭姆酒（Rum）

Pyrat（萊特）→ 蘭姆酒（Rum）

Ramazotti → 苦精利口酒（Bitter liqueurs）→ 芙內（Fernet）

Redbreast（紅馥）→ 愛爾蘭威士忌（Irish whiskey）

Regan's Orange bitters → 調酒苦精（Cocktail bitters）

Reisetbauer → 水果白蘭地（Fruit brandies）→ 果渣白蘭地（Pomace brandy）→ 威士忌（Whiskey）

Rémy Martin（人頭馬）→ 干邑白蘭地（Cognac）

Ricard（力加）→ 法國茴香酒（Pastis）

Riemerschmid → 調酒苦精（Cocktail bitters）

Rikyubai（利休梅）→ 清酒（Sake）

Rinquinquin → 桃子酒（Peaches）→ 奎寧開胃酒（Quinquina）

Rittenhouse（黎頓郝斯）→ 美國威士忌（American whiskey）

Rivière du Mat → 蘭姆酒（Rum）

Rochelt → 水果白蘭地（Fruit brandies）

Rocher → 櫻桃白蘭地（Cherry brandy）

Roger Groult（羅傑古魯特）→ 蘋果白蘭地（Calvados）

Rompope → 蛋酒（Eggnog）

Rosolio（玫瑰利口酒）→ 利口酒
（Liqueurs）

Rosso Antico → 美國佬（Americano）

Rothman & Winter（羅特曼）→ 紫羅
蘭香甜酒（Crème de violette）

Russian Standard（俄羅斯斯丹達）→
伏特加（Vodka）

St. George Spirits（聖喬治）→ 水果利
口酒（Fruit liqueurs）→ 水果白蘭
地（Fruit brandies）

St. Germain（聖杰曼）→ 莓果酒
（Berries）

St. Raphael（聖拉斐爾）→ 奎寧開胃
酒（Quinquina）

Sabra → 柳橙利口酒（Orange
liqueurs）

Safari → 水果利口酒（Fruit liqueurs）

Sagatiba（莎迦帝寶）→ 卡夏莎聖詹
姆斯（Cachaça Saint James）→ 蘭姆
酒－賽馬（Rum Samalens）→ 雅瑪
邑白蘭地（Armagnac）

Sanchez Romate → 西班牙白蘭地
（Spanish brandy）

Sandeman → 雪莉（Sherry）

Sangster's → 蘭姆酒（Rum）→ 鮮奶油
利口酒（Cream liqueurs）

Santa Teresa → 蘭姆酒（Rum）

Sauza（瀟灑）→ 龍舌蘭（Tequila）

Sazerac（賽澤瑞克）→ 美國威士忌

（American whiskey）

Schinkenhäger → 施泰因哈根
（Steinhäger）

Schladerer → 水果白蘭地（Fruit
brandies）

Schlehe → 李子酒（Plums）→ 黑刺李
琴酒（Sloe gin）

Schlichte → 施泰因哈根（Steinhäger）

Schosser → 水果白蘭地（Fruit
brandies）

Scorpion → 梅斯卡爾（Mezcal）

Sechsämtertropfen → 苦精利口酒
（Bitter liqueurs）

Secret Treasures（秘寶）→ 調酒苦精
（Cocktail bitters）→ 琴酒（Gin）

Segarra → 艾碧斯苦艾酒（Absinthe）

Sibirskaya → 伏特加（Vodka）

Sierra（喜澳瑞）→ 龍舌蘭
（Tequila）

Sipsmith（希普史密斯）→ 琴酒
（Gin）

Skinos → 烏佐（Ouzo）

Slivovitz → 李子酒（Plums）

Slyrs（史蘭利）→ 威士忌
（Whiskey）

Smirnoff（思美洛）→ 伏特加
（Vodka）

Snow Queen（冰雪女王）→ 伏特加
（Vodka）

Sobieski（索比斯基）→ 伏特加

（Vodka）

Soho→水果利口酒（Fruit liqueurs）

Soju（燒酒）→燒酎（Shochu）

Sonnema→貝倫堡（Beerenburg）

Soto→柳橙利口酒（Orange liqueurs）

Southern Comfort（金馥）→桃子
酒（Peaches）→威士忌利口酒
（Whiskey liqueurs）

Springbank（雲頂）→蘇格蘭威士忌
（Scotch whisky）

Stift Klosterneuburg→香艾酒
（Vermouth）

Stock→白蘭地（Brandy）→芙內
（Fernet）→檸檬酒（Limoncello）
→杉布哈（Sambuca）

Stolichnaya（蘇托力）→伏特加
（Vodka）

Strega（女巫）→草本利口酒
（Herbal liqueurs）

Strothmann→柯恩（Korn）

Suntory（三得利）→日本威士忌
（Japanese whisky）

Super Nikka→日本威士忌（Japanese
whisky）

Suze（蘇茲）→苦精開胃酒（Bitter
aperitif）→龍膽酒（Gentian）

Swissky→威士忌（Whiskey）

Tabu→艾碧斯（Absinthe）

Tacama→皮斯可（Pisco）

Takaisami（大谷酒）→清酒（Sake）

Talisker（大力斯可）→蘇格蘭威士
忌（Scotch whisky）

Tamanohikari（玉乃光）→清酒
（Sake）

Tanduay（坦督利）→蘭姆酒
（Rum）

Tanqueray（坦奎利）→琴酒（Gin）

Tariquet（塔麗格）→雅瑪邑白蘭地
（Armagnac）

Taylor→波特（Port）

Teichenné→桃子酒（Peaches）

Ten Cane→蘭姆酒（Rum）

Ti Punch（小潘趣）→蘭姆酒
（Rum）

Tia Maria（堤亞瑪麗亞）→咖啡利口
酒（Coffee liqueur）

Tio Pepe（堤歐）→雪莉（Sherry）

Torani Amer→苦精開胃酒（Bitter
aperitif）

Torres（多利士）→西班牙白蘭地
（Spanish brandy）

Toschi→堅果利口酒（Nut liqueurs）

Toussaint→咖啡利口酒（Coffee
liqueur）

Triibe→威士忌利口酒（Whiskey
liqueurs）

Trois Rivières→蘭姆酒（Rum）

Tsantali→烏佐（Ouzo）

Tsipouro（齊普羅）→葡萄果渣烈

酒（Grape marc spirits）→ 烏佐
（Ouzo）

Tuaca→ 草本利口酒（Herbal
liqueurs）

Tunel→ 藥草酒（Hierbas）

Tuopai（沱牌）→ 穀物烈酒（Grain
spirits）

Tyrconnell（泰爾康奈）→ 愛爾蘭威
士忌（Irish whiskey）

Tzuika→ 李子酒（Plums）

Ultimat（歐帝邁）→ 伏特加
（Vodka）

Underberg→ 布內坎普（Boonekamp）
→ 草本苦精（Herbal bitters）

Unicum→ 苦精利口酒（Bitter
liqueurs）

Urkönig→ 施泰因哈根（Steinhäger）

Vallendar→ 果渣白蘭地（Pomace
brandy）→ 白蘭地（Brandy）

Van De Hum→ 柑橘類水果酒（Citrus
fruits）

Vandermint→ 胡椒薄荷利口酒
（Peppermint liqueurs）

Vanille→ 草本利口酒（Herbal
liqueurs）

Vecchia Romagna→ 白蘭地（Brandy）

Vedrenne（維尼）→ 黑醋栗
（Cassis）→ 櫻桃利口酒

（Guignolet）→ 核果利口酒
（Noyau）

Verpoorten→ 蛋酒（Eggnog）

Versinthe→ 艾碧斯苦艾酒
（Absinthe）

Vertical→ 伏特加（Vodka）

Veterano→ 西班牙白蘭地（Spanish
brandy）

Viñas de Oro→ 皮斯可（Pisco）

Warre→ 波特（Port）

Weisf log→ 草本苦精（Herbal bitters）

Wild Turkey（野火雞）→ 美國威士忌
（American whiskey）→ 威士忌利
口酒（Whiskey liqueurs）

Wilthener Goldkrone→ 白蘭地
（Brandy）

Wolfschmidt→ 柯米爾（Kümmel）

Woodford Reserve（渥福酒廠）→ 美
國威士忌（American whiskey）

Wray & Nephew→ 椰子利口酒
（Coconut liqueurs）→ 多香果利
口酒（Pimento Dram）→ 蘭姆酒
（Rum）

Wyborowa→ 伏特加（Vodka）

Xanath→ 香料利口酒（Spiced
liqueurs）

Yeni→拉克（Raki）

Yoichi（余市）→日本威士忌
（Japanese Whisky）

Ypióca→卡夏莎（Cachaça）

Yzaguirre（伊薩吉列）→香艾酒
（Vermouth）

Zacapa（薩凱帕）→蘭姆酒（Rum）

Zibarte→李子酒（Plums）

Ziegler→水果白蘭地（Fruit
Brandies）

Zoco→帕恰蘭

Zubrówka（滋布洛卡）→伏特加
（Vodka）

Zuidam（贊丹）→杜松子酒
（Genever）

Adam, Helmut /Jens Hasenbein /Bastian Heuser: 2010
《*Cocktailian*》，德國威斯巴登（Wiesbaden）出版

Brandl, Franz: 1982
《*Gourmet Mix Guide*》，瑞士蘇黎世（Zürich）出版

Craddock, Harry: 1930
《*Savoy Cocktail Book*》，英國倫敦出版

DeGroff, Dale: 2002
《*The Craft of the Cocktail*》，美國紐約出版

Difford, Simon: 2009
《*Diffordsguide, Cocktails #8*》，英國倫敦出版

Difford, Simon
《*CLASS Magazin*》，英國倫敦出版

Dominé, André: 2008
《*The Ultimate Bar Book*》

Embury, David A.: 1948
《*The Fine Art of Mixing Drinks*》，美國紐約出版

Gabányi, Stefan: 2006
《*Schumann's Whisk(e)y Lexikon*》，德國慕尼黑出版

Gauntner, John: 2000
《*The Saké Companion*》，美國費城與英國倫敦出版

Haig, Ted: 2004
《*Vintage Spirits & Forgotten Cocktails*》，美國麻州貝弗利（Beverly）出版

Johnson, Harry: 1882
《*Bartender's Manual*》，美國紐約出版

Kappeler, George J. 1895
《*Modern American Drinks*》，美國俄亥俄州（Ohio）阿克倫（Akron）出版

Meier, Frank: 1936
《*The Artistry of Mixing Drinks*》，法國巴黎出版

Schraemli, Harry: 1949
《*Das große Lehrbuch der Bar*》，瑞士盧森（Luzern）出版

Schumann, Charles: 1984

《*Schumann's Barbuch*》，德國慕尼黑
出版

Schumann, Charles: 1986

《*Schumann's Tropical Barbuch*》，德
國慕尼黑出版

Thomas, Jerry: 1862

《*Bartenders' Guide*》，美國紐約出版

Uyeda, Kazuo: 2000,

《*Cocktail Techniques*》，美國紐約出
版

Wondrich, David: 2007

《*Imbibe!*》，美國紐約出版

網站資源：

www.ardentspirits.com

www.beachbumberry.com

www.cocktailchronicles.com

www.cocktaildb.com

www.diffordsguide.com

www.drinkboy.com

www.jeffreymorgenthaler.com

www.jrgmyr.com

www.mixology.eu

www.schumannsbartalks.com

平底杯
威士忌

平底杯
圓杯

平底杯
長飲

平底杯
軟性飲料一號

平底杯
軟性飲料二號

平底杯
軟性飲料三號

經典馬丁尼杯

當代馬丁尼杯

調酒杯

馬丁尼杯　　　　　香檳杯　　　　　　葡萄酒杯

0.25l

0.5l

0.75l

水壺

舒曼的基本酒吧選品：德國
蔡司（Schott Zwiesel）。

www.schott-zwiesel.de

美國購買網站：

www.fortessa.com

ZWIESEL GLAS德國蔡司酒
杯臺灣官方旗艦店

www.zwieselglas.com.tw

02-23887172

波士頓雪克杯　　　　雪克杯

Tritan®
International
patent

SCHOTT
ZWIESEL

向酒吧文化致敬

這只獨家製作的酒杯，由42片水晶玻璃打造，不僅展現獨有的美學與享樂精神，更向經典酒吧文化致上敬意。與德國蔡司合作設計的HOMMAGE系列酒杯（Comète、Carat、Glace），以經典正式與不朽優雅為基礎。三種獨特的切工，創造特有的光影與色澤互動。

後記

每日練習——簡單與犧牲

今日到處都能聽見人們宣揚簡單的珍貴，但通常都僅僅是行銷語言。真正的簡單，並不簡單。真正的簡單，得下苦功。簡單來自犧牲，捨棄多餘。許多酒吧之所以做不到，就是因為它們並未專心致志於本質。明晰澄澈源於犧牲。

酒吧的本質為何？設計？服務？飲品？對我而言，本質在於客人是否會再來光顧，這代表他們在這裡嘗到了美味的食物與飲品。

調酒與飲料如今再次風行。它們其實也從未真正消失過，但也曾經度過無人聞問的多年歲月。當然，許多今日熱門的調酒，也會面臨未來某日從酒單刪掉的命運。即使如此，我依舊相信少數幾款酒，能屹立不搖地成為經典，寫下酒吧歷史。若能有數款調酒來自我們的酒吧，我將萬分驕傲。

今晚去酒吧

在我的職業生涯展開之際，喝調酒已經開始過時。當時的我在一間知名酒吧負責櫃檯的工作，我們的酒吧當然一份包含了國際調酒的酒單。但是，幾乎每一晚都會被客人點選的調酒，都是因為調酒的顏色。從那時之後，調酒的世界經歷了許多，所有優秀吧檯手也都興喜地看著調酒酒款數量不斷地增加。因此，適當地引導酒客在今日尤其重要！會為客人端上甜的、酸的，以威士忌或琴酒為基底的各式各樣調酒的酒吧店員，完全不專業。

許多酒吧顧客其實偏好純飲。不過，我不相信有任何人第一

次嘗試就愛上純飲——頂多是某些愛爾蘭或蘇格蘭人，他們很愛說自己是握著威士忌酒杯出生的。然而，一旦能被好好引導進入純飲的世界，便得到了伴你一生的樂趣。你會發現，不論日子過得好或糟，它都能帶來撫慰、喜悅與支撐。然後，唯有到了特殊的例外場合，你才會被說服換個喝法。所有專業飲者都有專屬的烈酒。不論是享受純飲或愛喝調酒，吧檯手或酒吧服務生永遠都應該試著適當地影響客人。沒有任何知名的酒吧會讓客人喝醉。只有提倡文明飲酒才會有樂趣可言，而酒吧的聲譽也才能提升。

查爾斯・舒曼

德國慕尼黑馬克西米利安街（maximilianstrasse）的舒曼美國酒吧（Schumann's American Bar，1982~2003年）。

自2003年起，王宮花園裡的舒曼酒吧（Schumann's Bar Am Hofgarten）於慕尼黑奧登廣場（Odeonsplatz）開始營業。

作者、繪者與譯者簡介

作者
查爾斯・舒曼 Charles Schumann

查爾斯・舒曼於1941年生於德國上普法爾茨（Upper Palatinate）。自雷根斯堡（Regensburg）一所主教高中畢業後，舒曼便加入聯邦邊防警衛隊，並在外交部完成領事培訓，然後繼續在瑞士一家酒店管理學院學習。30歲時，他移居南法，除了在各俱樂部與夜店工作，也跑到蒙彼利埃大學（University of Montpellier）學習法語。

1973年夏天，舒曼回到慕尼黑，成為傳奇酒吧Harry's New York Bar的調酒師，並在1982年開設舒曼美國酒吧。到了2012年，舒曼位於王宮花園（Hofgarten）的酒吧，輾轉遷至音樂廳廣場（Odeonsplatz），同時慶祝酒吧成立滿30周年。

2017年，舒曼獲調酒傳奇大會（Tales of the Cocktail）頒授終身成就獎。2018年臺灣上映其主演的紀錄式電影《酒神舒曼》（Schumann's Bar Talks）。

繪者
岡特・馬泰（Günter Mattei）

岡特・馬泰於1947年出生於奧地利布雷根茨（Bregenz）。1971年，馬泰在德國慕尼黑一家平面設計中心學習，並於1974起擔任自由設計師，與當時的合作夥伴在慕尼黑開設工作室，主要承攬廣告公司的專案。後來，他輾轉承接眾多酒

商的大型宣傳廣告，包含麥斯蘭姆酒（Myers's Rum）、百家得（Bacardi）與智法椰子甘蔗酒（Batida de Coco）等，這些看版曾在美國多個城市裡，散布著幽默、愉悅的品飲思維。

除了商業作品外，馬泰也以單純的繪畫、海報、出版品和摺頁冊等展現他驚人的藝術跨度，更為許多動物、烹飪、傳奇酒吧相關書籍繪製插畫。2006年，馬泰與時任德國慕尼黑海拉布倫動物園園長亨利希・威斯勒（Henning Wiesner）憑藉《動物需要刷牙嗎？》（*Müssen Tiere Zähne putzen*）一書，獲頒波隆那童書獎（The Bologna Ragazzi Award）。

譯者
魏嘉儀

品飲書籍譯者與編輯，現為自由文字工作者。翻譯作品包括《威士忌品飲全書》、《世界咖啡地圖》（合譯）、《看圖學烘豆》、《琴酒天堂：好奇調酒師系列》、《義式咖啡的萃取科學》、《咖啡沖煮的科學》、《葡萄酒與料理活用搭配詞典》（合譯）。